TRANSACTIONS

OF THE

AMERICAN PHILOSOPHICAL SOCIETY

HELD AT PHILADELPHIA

FOR PROMOTING USEFUL KNOWLEDGE

NEW SERIES—VOLUME 57, PART 4

1967

THE ARABIC VERSION OF PTOLEMY'S *PLANETARY HYPOTHESES*

BERNARD R. GOLDSTEIN

Assistant Professor of the History of Science, Yale University

THE AMERICAN PHILOSOPHICAL SOCIETY

INDEPENDENCE SQUARE

PHILADELPHIA

JUNE, 1967

Library of Congress Catalog
Card Number 67-22798

THE ARABIC VERSION OF PTOLEMY'S PLANETARY HYPOTHESES

BERNARD R. GOLDSTEIN *

CONTENTS

INTRODUCTION

The Ptolemaic System is the name usually given to the world picture, current in the Middle Ages and the Renaissance, according to which the planetary [1] spheres are nested to fill exactly the space between the highest sublunary element, fire, and the fixed stars. There is, of course, no trace of it in Ptolemy's Almagest and until now it has not been found in any other of his works. The earliest textual evidence for this system has been a passage in Proclus [2] (412–485) in which this hypothesis is mentioned only in an anonymous fashion.

In a recent paper,[3] Willy Hartner concluded that the Ptolemaic System is in fact due to Ptolemy and appeared in his *Planetary Hypotheses*, of which only a part survives in the original Greek. Professor Hartner noticed that several Arabic authors ascribe values for planetary sizes and distances to a work by Ptolemy called *kitāb al-manshūrāt*, which, he shows, is the Arabic title for the *Planetary Hypotheses*. The published version of this treatise does not, however, include this passage, and Hartner was left with no alternative but that part of the text was lost.

The *Planetary Hypotheses* was included by Heiberg in his edition of Ptolemy's minor astronomical works.[4] There one finds an edited Greek text of what Heiberg took to be all of Book I and a German translation of the Arabic version of Books I and II (the latter did not survive in Greek). Heiberg informs us in his introduction that the translation of the Arabic version was begun by Ludwig Nix, but that his early death left it to others (Heegaard and Buhl) to complete his task.[5] As it turns out, the two Arabic manuscripts, from which they worked, contain a passage on planetary sizes and distances at the end of Book I, and yet Heiberg's edition gives us no inkling of it. Ironically, the omitted passage contains what is really of outstanding historical interest: that the Ptolemaic System is indeed the creation of Ptolemy.

Hartner's paper was the key to this discovery, for it led me to investigate whether there were any manuscripts of this text which had not been used in the preparation of the published edition. I soon found that Steinschneider [6] mentions a Hebrew manuscript in Paris of the *Planetary Hypotheses*. By chance, a microfilm of that manuscript was already in my possession, and to my pleasant surprise, it contained the section on sizes and distances at the end of Book I. It seemed odd that the new passage belonged in the middle of the published version, rather than at the end as one might have expected, but the Arabic manuscripts confirmed the Hebrew version.

The aim of this paper is to present a translation and commentary on the previously unpublished part (which I shall call part 2) of Book I of Ptolemy's *Planetary Hypotheses*. Moreover, it seemed desirable to include the Arabic text of the entire work with variant readings, because it, too, has never been published. A general

* This research was supported by a National Science Foundation research grant (GS 821).

[1] Following medieval usage, Sun and Moon are included among the planets.

[2] *Hypotyposis*, ed. Manitius, p. 220 ff.

[3] W. Hartner, "Medieval Views on Cosmic Dimensions," *Mélanges Alexandre Koyré* (Paris, 1964), pp. 254–282.

[4] J. L. Heiberg, *Claudii Ptolemaei opera quae extant omnia, volumen II, opera astronomica minora* (Leipzig, 1907), pp. 69–145.

[5] Heiberg, p. ix. The Arabic text is also discussed on pp. xvi and clxxiv.

[6] M. Steinschneider, *Die Hebraeischen Uebersetzungen des Mittelalters* (Berlin, 1893) 2: p. 538.

summary of Book I, part 2, is presented below, but detailed comments on the numerical data are postponed to the commentary which follows the translation of this passage. For ease of reference sections of the text have been numbered in the translation, although the Arabic text does not do so.

SUMMARY OF BOOK I, PART 2, OF PTOLEMY'S *PLANETARY HYPOTHESES*

The first part of Book I, published by Heiberg, includes a description of models for planetary motion and a set of parameters for these models.[7] It ends with the description of Saturn's model, and this, in effect, is the end of a major section. The second part of Book I, published here for the first time, begins with a short Aristotelian introduction (see Section 1 of the translation below) on the nature of planetary motion followed by a general characterization of the planetary models.

Section 2 concerns the arrangement of the planetary spheres, and the place of the Sun in the order of the planets. Ptolemy remarks that the parallax of a planet is too small to be measured, and so its distance cannot be directly computed. We are then informed that a transit of the Sun would guarantee that a planet lay below the Sun, but Ptolemy was not aware of any such report. It is further argued that a transit might pass unnoticed because the greater part of the Sun would still be exposed, "for when the Moon eclipses part of the Sun equal to, or even somewhat greater than, the diameter of one of the planets, the eclipse is not perceptible." Nevertheless, the order agreed upon is: Moon, Mercury, Venus, Sun, Mars, Jupiter, Saturn, Fixed Stars. Two principles are now invoked (Section 3): (1) the ratio of the relative distances of a planet from the center of the earth, produced by its model, is equal to the ratio of the true distances of the planet from the earth, (2) the minimum true distance of a planet is equal to maximum true distance of the planet just below it, i.e. the planetary spheres nest inside one another. The minimum and maximum lunar distances are taken from the Almagest and rounded to 33 and 64 earth radii respectively. From the ratio of Mercury's maximum distance to its minimum distance, and likewise for Venus, Ptolemy finds that the maximum distance of Venus is equal to 1,079 earth radii. Since the minimum solar distance was independently found to be 1,160 earth radii, Ptolemy notes that a space would exist between the spheres of Venus and the Sun contradicting the first principle mentioned above. But the space would be too small for the sphere of Mars, and so he argues that the Sun might be somewhat closer to the earth, for "when we increase the distance to the Moon, we are forced to decrease the distance to the Sun, and *vice versa.* Thus, if we increase the distance to the Moon slightly. the distance to the Sun will be somewhat diminished and it will then correspond to the greatest distance of Venus." The distances to the outer planets are then determined under the assumption that the minimum distance of Mars is equal to the maximum solar distance (1,260 earth radii).

Ptolemy states (Section 4) that the radius of the earth is equal to 2;52 myriad stades, and then converts the planetary distances from earth radii to stades.

Section 5 concerns the apparent sizes of the planets and includes a remark of Hipparchus not preserved in the Almagest. Ptolemy states that, in agreement with Hipparchus, he found the apparent diameter of Venus to be a tenth that of the Sun, when Venus is at mean distance. He then gives the apparent diameters of the other planets, but does not explicitly ascribe these values to Hipparchus.[8] The apparent lunar diameter is given as 1⅓ times the diameter of the Sun when the Moon is at mean distance (48 earth radii). Clearly this value is based on the model and not direct observation. From the apparent diameters of the planets, the true diameter of the Sun, and the planetary distances, Ptolemy derives the true diameters and volumes of the planets in relation to the earth. The celestial bodies in descending order of volume, then, are: Sun, first magnitude stars, Jupiter, Saturn, Mars, Earth, Venus, Moon, and Mercury.

Section 6 deals with the *arcus visionis* of the planets for their risings and settings and agrees with the values which Ptolemy used in the tables for planetary visibility in the *Handy Tables.*[9] For acronychal risings of an outer planet (i.e. when the planet rises as the Sun sets), Ptolemy says that the *arcus visionis* is half of the value stated for its heliacal rising. Neither the Almagest nor the *Handy Tables* deals with acronychal risings. He further tells us that sometimes Mercury will fail to appear, because the elongation required for its appearance may exceed its greatest elongation from the Sun.

[7] For a comparison of these parameters with those in the Almagest and other works of Ptolemy, *cf.* e.g. B. L. van der Waerden, "Klaudios Ptolemaios," in Pauly-Wissowa, *Realencyclopädie,* 46 (1959).

[8] Bar Hebraeus (*Le Livre de l'ascension de l'espirit,* ed. F. Nau [Paris, 1899], pp. 193–195) refers to this passage of Ptolemy but asserts that all of the apparent sizes were determined by Hipparchus. Nau identified *K. da-nasire,* the source mentioned by Bar Hebraeus for the apparent planetary sizes, as the *Centiloquium,* but Nallino (*Al-Battani sive albatenii opus astronomicum* [Rome, 1907] 2: p. xxvi) correctly pointed out that it is simply the Syriac translation of *K. al-Manshūrāt,* i.e. Ptolemy's *Planetary Hypotheses.* Mr. Noel Swerdlow, who is engaged in a study of the medieval treatment of planetary sizes and distances, brought these passages to my attention. I wish to thank him for his assistance in preparing this paper.

[9] *Cf.* B. L. van der Waerden, "Die handlichen Tafeln des Ptolmaios," *Osiris* 13 (1958): p. 71. In the *Handy Tables* Ptolemy does not indicate an *arcus visionis* for first magnitude stars on the ecliptic, but in the *Planetary Hypotheses* he does.

In Section 7 Ptolemy discusses an optical illusion which affects the estimation of apparent sizes at great distances. Such optical illusions are also treated in Ptolemy's *Optics,* though I have not found a passage there corresponding exactly to this one.[10] Nevertheless, this passage in the *Planetary Hypotheses* reinforces the arguments for the authenticity of Ptolemy's *Optics,* which is only preserved in a Latin translation of an Arabic version.

DESCRIPTION OF THE MANUSCRIPTS

The manuscripts used for this edition are:

BM. British Museum, MS. arab. 426 (Add. 7473), fol. $81^b - 102^b$ (Heiberg, cod. A).
L. Leiden, MS. arab. 1155 (cod. 180 Gol.), fol. $1^a - 44^a$ (Heiberg, cod. B).
Hebrew. Paris, MS. hebr. 1028 (*ancien fonds* 470), fol. $54^b - 87^a$.

The British Museum manuscript is dated (A.D. 1242),[11] but contains no information concerning the author of the Arabic text. The copyist tells us, however, that this copy was carefully collated with its prototype.

The Leiden manuscript is undated,[12] but it informs us (fol. 1^a) that the redactor of the Arabic version was Thābit b. Qurra (d. 901) who is also known to have revised several other Arabic translations of Greek scientific works.[13] The folios in MS. *L* are in disorder. The proper arrangement of the folios is: 1 to 21; 25 to 27; 22; 23^a; 24^b; 28 to 44^a. Folios 23^b and 24^a are blank. No figures appear although blank spaces were left for them. A short note on fol. 44^a, in the same hand as the rest of the manuscript, informs us that the length of the sidereal year is about $365\frac{1}{4} + \frac{1}{147}$ days, according to what Ptolemy proves in this treatise. This year length was computed by someone, other than Ptolemy, from the sum of Ptolemy's tropical year $365\frac{1}{4} - \frac{1}{300}$ days and his value for precession, 1° per century, i.e.

$$365\tfrac{1}{4} + \tfrac{1}{147} \approx 365\tfrac{1}{4} - \tfrac{1}{300} + \tfrac{1;0,53}{100}$$

for 1° of solar motion takes 1;0,53 days.

The Hebrew manuscript informs us in the colophon (fol. 87^a) that the translator was Kalonymos b. Kalonymos. The catalogue entry for this manuscript indicates that the translation (from Arabic) was probably completed in 1317 and that this unique copy is dated 1342.[14] No figures appear in the manuscript, although space was left for them.

In the margin of the Arabic text, presented below (pp. 13–55) which is a facsimile of MS. *BM,*[15] I have indicated corresponding folios in MS. *L* (e.g. *L* 1^b), and corresponding pages in the Heiberg publication (e.g. H 71). The variant readings of MS. *L* are presented below the facsimile of MS. *BM.*

The title of this treatise which appears on *L* 1^a is displayed as the first footnote to *BM* 81^b.

TRANSLATION OF BOOK I, PART 2, OF PTOLMEY'S *PLANETARY HYPOTHESES*

[BM 88a,4] *1.* These are the models (*hai'a*) of the planets in their spheres. As we have said, there are anomalies in the motions of the (planetary) spheres not found in the sphere of the fixed stars, for the latter sphere's motion is very close to that of the universal motion, whose sphere, of necessity, has a simple nature, unmixed with anything, and containing no contrarity at all. The planets, all of which lie below the (prime) mover, move with it from east to west, and also move with another motion from west to east. They move forward and backward, and to the south and to the north, which are the directions of local (*makānīya*) motion. Local motion is the first of the remaining motions and things whose nature is eternal have only this kind of motion. The changes and opposition in quality[1] and quantity, and the coming-into-being of things which are not eternal are not like the changes apparent to us in the eternal, for these changes are in the thing itself and its substance.

The Sun, in our opinion, has but one anomaly in its

---

[10] *Cf.* A. Lejeune, *L'Optique de Claude Ptolemée* (Louvain, 1956), pp. 124* ff., 74 ff. *et passim;* A. Lejeune, *Euclide et Ptolemée* (Louvain, 1948), p. 95 ff.

[11] *Cf. Catalogus codd. mss. orientalium, qui in Museo Brittannico asservantur* (London, 1852), p. 205 ff. The catalogue quotes the beginning and end of Book I, as well as of Book II.

[12] *Cf.* P. de Jong and M. J. de Goeje, *Catalogus codicum orientalium Bibliothecae Academiae Lugduno-Batavae* (Leiden, 1865) 3: p. 80.

[13] H. Suter, *Die Mathematiker und Astronomen der Araber und ihre Werke, Abhandlungen zur Geschichte der mathematischen Wissenschaften* X. Heft (Leipzig, 1900), p. 34 ff.

[14] *Catalogues des manuscrits hébreux et samaritains de la Bibliothèque Impériale* (Paris, 1866), p. 186.

[15] I wish to thank the Trustees of the British Museum for their permission to publish this manuscript.

[1] *Kaifiya:* Hebr. *eykh.*

motion in the ecliptic, because there is nothing stronger than it to give it another anomaly in its motion. The remaining planets have two kinds of anomaly; the first anomaly, similar to the one we mentioned (for the Sun), depends on the place in the ecliptic, and the other depends on the return to the Sun. Each of the planets has one free motion, the other is determined of necessity. The motion of the planets in the two directions (north and south) takes place with respect to both the sphere of the fixed stars (i.e. the equator) and the sphere of the Sun (i.e. the ecliptic). The first variety of this motion is simply due to the inclination of the ecliptic to the equator. The Moon has two such (motions), the one just mentioned, and the other due to the inclination of its orbit to the ecliptic. The five planets have three such (motions), and three is the greatest number of variations which occur; two of them have already been mentioned, and the third is due to the inclination of the deferents, which rotate about the earth, to the epicycles. The characteristics (*'amr*) of these spheres (i.e. the epicycles) are similar to those of the rest of the inclined spheres (i.e. the deferents). But one may imagine differences between the two kinds of spheres because (the epicycles) do not go around the earth, for the earth lies outside of them. Moreover, motion on the inclined spheres brings about motion in the two opposite directions (north and south of the ecliptic), whereas motion on the epicyclic spheres takes place on planes parallel (*muwāzāh*) to the ecliptic. The inclination of epicycle to deferent is fixed, like that of the [**BM 88b**] ecliptic to the plane of the equator.

If we imagine the intersection of (the ecliptic with) the meridian above the earth as the apogee, and that under the earth as the perigee, then the horizon in both directions serves as the mean distance. The inclination of the ecliptic is one and the same and does not change. The motion of this sphere, inclined to the equator, takes place about its poles. The northern limit of this sphere is called the summer solstice, and it is sometimes on the intersection analogous to the apogee (i.e. midheaven), sometimes at the point in the east, and sometimes at the point to the west. Similarly, the southern limit is the winter solstice. The vernal point is analogous to the ascending node; it too may lie in the direction of apogee (i.e. midheaven), or of perigee (i.e. lower midheaven), or to the east, or to the west. The same is true for the autumnal point which is analogous to the descending node. In similar fashion, we may imagine all of the conditions of the inclined sphere that surrounds the earth. The sphere of the Moon has characteristics similar to those mentioned, as do the eccentric spheres which incline to the epicycles.

When we wish to turn our atttention from the first type (of inclination) to the second type (of inclination), we need do no more than replace the equator by the ecliptic, and the ecliptic by the deferent. In the third type of inclination, which takes place outside the earth, the role of the equator is taken on by the fixed epicycle and the role of the ecliptic is taken on by the deferent; and the inclination varies in the way I shall describe.

We see that the spheres surrounding the earth, on which move the Sun, the centers of the epicycles, the Moon, and the planets, return according to their periods. The epicycles return with the return of the centers of the epicyclic spheres, not with the return of the planet that moves on them—this is the condition (*ḥāl*) for each of one of the spheres.

2. The arrangement of the spheres has been a subject of some doubt up to this time. The sphere of the Moon is certainly the closest sphere to the earth; the sphere of Mercury closer to the earth than the sphere of Venus; the sphere of Venus closer to the earth than the sphere of Mars; the sphere of Mars than the sphere of Jupiter; the sphere of Jupiter than the sphere of Saturn; and the sphere of Saturn than the sphere of [**BM 89a**] the fixed stars. It is clear from the course of the planets that this sphere is closer to the earth and that sphere further away, along a straight line from the eye. But with respect to the Sun, there are three possibilities: either all five planetary spheres lie above the sphere of the Sun just as they all lie above the sphere of the Moon; or they all lie below the sphere of the Sun; or some lie above, and some below the sphere of the Sun, and we cannot decide this matter with certainty.

The distances of the five planets are not as easy to determine as those of the two luminaries, for the distances of the two luminaries were determined, mostly, on the basis of combinations of eclipses. A similar proof cannot be invoked for the five planets, because no phenomenon allows us to fix their parallax with certainty. Moreover, up to this time we have not seen an occultation of the Sun (by any of the planets), and therefore it is possible for one to assert that all five planetary spheres lie above the sphere of the Sun. But the argument so far does not permit one, whose intention is to seek the truth, to draw a conclusion. Firstly, the occultation of a large body (the Sun) by a small one (a planet) may not be perceptible on account of the remainder of the solar body which would still be exposed, for when the Moon eclipses part of the Sun equal to, or even somewhat greater than, the diameter of one of the planets, the eclipse is not perceptible. Moreover, such events could only take place at long intervals, for (an inner planet) is closest to the Sun (in longitude) when it is at the apogee and perigee of its epicycle; but (the planet) is found in the plane of the ecliptic only twice in every revolution on the epicycle, when it passes from the north to the south, and when it passes from the south to the north. When the center of the epicycle is at one of the nodes, and the planet is also at that node, and the planet is also at the apogee or perigee (of its epicycle), then the planet may hide (part of the Sun). According to those who report observations and examine them carefully, a long time (*miqdār al-zamān*) must elapse before the return (of the center) of the epicycle and the planet in conjunction (with the Sun) above the earth. With these conditions, it is clear that one cannot judge with certainty for the two (inner) planets, nor even for the planets on which it is agreed that they lie above the sphere of the Sun, i.e. Mars, Jupiter and Saturn.

3. We began our inquiry into the arrangement of the spheres with the determination, for each planet, of the ratio of its least distance to its greatest distance. We then decided to set the sphere of each planet between [**BM 89b**] the furthest distance of the sphere closer to the earth, and the closest distance of the sphere further (from the earth). Let us assume that only the spheres of Mercury and Venus lie below the sphere of the Sun, but that the others do not. We have explained in the Almagest (*K. al-sīṭaksīs*)[2] that the least distance of the Moon is 33 earth radii, and its greatest distance 64 earth radii, dropping fractions. Moreover, the least distance of the Sun is 1,160 earth radii, and its greatest distance 1,260. The ratio of the least distance of Mercury to its greatest distance is equal to about 34:88, and it is clear from the assumption that the least distance of Mercury is equal to the greatest distance of the Moon, that the greatest distance of Mercury is equal to 166 earth radii, if the least distance of Mercury is 64 earth radii. The ratio of the least distance of Venus to its greatest distance is equal to about 16:104. It is clear from the assumption that the greatest distance of Mercury is equal to the least distance of Venus, that the greatest distance of Venus is 1,079 earth radii, and the least distance of Venus 166 earth radii. Since the least distance of the Sun is 1,160 earth radii, as we mentioned, there is a discrepancy between the two distances which we cannot account for; but we were led inescapably to the distances which we set down. So much for the two (planetary) spheres which lie closer to the earth than the others. The remaining spheres cannot lie between the spheres of the Moon and the Sun, for even the sphere of Mars, which is the nearest to the earth of the remaining spheres, and whose ratio of greatest to least distance is about 7:1, cannot be accommodated between the greatest distance of Venus and the least distance of the Sun. On the other hand it so happens that when we increase the distance to the Moon, we are forced to decrease the distance to the Sun, and *vice versa*. Thus, if we increase the distance to the Moon slightly, the distance to the Sun[3] will be somewhat diminished and it will then correspond to the greatest distance of Venus.

The argument which forces the above-mentioned order of spheres is not entirely based on the distances, but on the differences in their motions as well. The most compelling argument is that the further from the hypothesis of the Sun, which is in the middle from all standpoints, the further (the sphere must be) from the Sun. Thus the sphere of Mercury is adjacent to the sphere of the Moon, for both the spheres of Mercury [**BM 90a**] and the Moon are eccentric, and the eccenter moves about the center of the universe in the direction of the daily rotation, in contrast to the motion of (the centers of) their epicycles; and it follows that these centers lie at apogee and perigee twice in every revolution. The spheres nearest to the air move with many kinds of motion and resemble the nature of the element adjacent to them. The sphere nearest to universal motion is the sphere of the fixed stars which moves with a simple motion, resembling the motion of a firm (*mathbūt*) body whose revolution in itself is eternally unchanging.

The distances of the three[4] remaining planets may be determined without difficulty from the nesting of the spheres, where the least distance of a sphere is considered equal to the greatest distance of the sphere below it. The ratio of the greatest distance of Mars to its least distance is, again, 7:1. When we set its least distance equal to the greatest distance of the Sun, its greatest distance is 8,820 earth radii and its least distance 1,260 earth radii. The ratio of the least distance of Jupiter to its greatest distance is equal to the ratio 23:37.[5] When we set the least distance of Jupiter equal to the greatest distance of Mars, its greatest distance is 14,187 earth radii and its least distance 8,820 earth radii. Similarly, we set the ratio of the least distance of Saturn to its greatest distance equal to the ratio 5:7, and the least distance of Saturn equal to the greatest distance of Jupiter. Therefore, the greatest distance of Saturn, which is adjacent to the sphere of the fixed stars, is 19,865 earth radii, and its least distance is 14,187 earth radii.

In short, taking the radius of the spherical surface of the earth and the water as the unit, the radius of the spherical surface which surrounds the air and the fire is 33,[6] the radius of the lunar sphere is 64, the radius of Mercury's sphere is 166, the radius of Venus' sphere is 1,079, the radius of the solar sphere is 1,260, the radius of Mars' sphere is 8,820, the radius of Jupiter's [**BM 90b**] sphere is 14,187, and the radius of Saturn's sphere is 19,865.

4. The radius of the spherical surface of the earth and water is two myriad stades (*al-asṭadhiya*)[7] and half and third and one part in thirty myriad stades [2;52 myriad stades], for the circumference (of the earth) is 18 myriad stades.

The boundary that separates the fiery and the lunar

---

[2] Hebrew: *ha-magisṭī*.

[3] With *L* and Hebrew; *BM* reads: Moon.

[4] With *L* and Hebrew; *BM* reads: fixed.

[5] Hebrew 23:38.

[6] With *L* and Hebrew; *BM* reads: 63.

[7] Hebrew: *rīs*.

sphere lies at a distance of 94[8] myriad stades and a half and a tenth myriad stades [94;36 myriad stades]. The boundary that separates the lunar sphere from the sphere of Mercury lies at a distance of 183[9] myriad (stades) and a third and a tenth and one part of thirty myriad stades [183;28 myriad stades]. The boundary that separates the sphere of Mercury from the sphere of Venus lies at a distance of 475 myriad stades and a half and a third and one part in thirty myriad stades [475; 52 myriad stades]. The boundary that separates the sphere of Venus from the sphere of the Sun lies at a distance of 3,093 myriad (stades) and a tenth of a myriad (stades) and one part in thirty myriad stades [3,093;8 myriad stades]. The boundary that separates the solar sphere and the sphere of Mars lies at a distance of 3,612 myriad (stades). The boundary that separates the sphere of Mars and the sphere of Jupiter lies at a distance of 2 myriad myriad and 5,284 myriad stades. The boundary that separates the sphere of Jupiter from the sphere of Saturn lies at a distance of 4 myriad myriad and 4,769[10] myriad and a third and one part of thirty myriad stades [44,769;22 myriad stades[11]]. The boundary that separates the sphere of Saturn from the sphere of the fixed stars lies at a distance of 5 myriad myriad and 6,946 myriad stades and a third of a myriad stades.

If (the universe is constructed) according to our description of it, there is no space between the greatest and least distances (of adjacent spheres), and the sizes of the surfaces that separate one sphere from another do not differ from the amounts we mentioned. This arrangement is most plausible, for it is not conceivable that there be in Nature a vacuum, or any meaningless and useless thing. The distances of the spheres that we have mentioned are in agreement with our hypotheses. But if there is space or emptiness between the (spheres), then it is clear that the distances cannot be smaller, at any rate, than those mentioned.

5. It is now possible to determine the diameters of the celestial bodies in relation to one another. To determine these sizes, we need the apparent diameters of the planets, the models for their motions, and the scale of these models [lit.: bodies], which are given by the aforementioned distances. The procedure which allows us to determine the sizes is described below.

Hipparchus said that the apparent diameter of the Sun is 30 times as great as that of the smallest star, and that the apparent diameter of Venus, which appears to be the largest star, is about a tenth the apparent diameter of the Sun. The diameters which are seen do not misrepresent (*tughādiru*) the vision of their true diameters perceptibly [?]. In this statement, Hipparchus (also) said that he determined minimum values for the sizes of the celestial bodies, and that he used a common [**BM 91a**] distance in relation to which the earth is a point. Hipparchus did not make clear at which distance of Venus its diameter takes on the value quoted, but we consider this amount to be its apparent diameter at mean distance where the planet is usually seen, for at apogee and perigee it is hidden by the rays of the Sun. We too find that the apparent diameter of Venus is a tenth that of the Sun, as Hipparchus stated. Moreover, we find the diameter of Jupiter to be 1/12 the diameter of the Sun; Mercury's 1/15 the diameter of the Sun; Saturn's 1/18 the diameter of the Sun; and the diameter of Mars, and of first magnitude stars, 1/20 the diameter of the Sun. The diameter of the Moon at mean distance on its sphere, and mean distance of the eccentric sphere, is equal to 1 1/3 times the diameter of the Sun.

If all the diameters subtended the same apparent angle at their mean distances, the ratio of one diameter to another would equal the ratio of their distances, because the ratio of the circumferences of circles, as well as of similar arcs, one to another, is equal to the ratio of their radii. In the measure in which the diameter of the Sun is 1,210, the diameter of the Moon is 48; the diameter of Mercury 115; the diameter of Venus 622 1/2; the diameter of Mars 5,040; the diameter of Jupiter 11,504; and the diameter of Saturn 17,026. The diameter of the first magnitude stars in this measure, assuming that their (sphere) is adjacent to the furthest distance of Saturn, is 19,865, or about 20,000; and the amount is surely not less than 20,000. But the diameters do not subtend equal angles, for the diameter of the Moon subtends an angle 1 1/3 times that of the Sun, and the diameters of the planets subtend angles smaller than the Sun in the ratios mentioned. It is clear that in the measure where the diameter of the Sun is 1,210, the diameter of the Moon is 64 because it is 1 1/3 times 48; the diameter of Mercury is 8 because it is about 1/15 of 115; the diameter of Venus is 62 which is about 1/10 of 622 1/2; the diameter of Mars is 252 which is [**BM 91b**] 1/20 of 5,040; the diameter of Jupiter is 959 which is about 1/12 of 11,504; the diameter of Saturn is 946 which is about 1/18 of 17,026; the diameters of the first magnitude stars is 1,000 which is 1/20 of 20,000, and they are certainly not smaller.

We have already explained in the Almagest (*K. al-sīṭaksīs*)[12] that the solar diameter is 5 1/2 in the measure where the diameter of the earth is 1. This 5 1/2 is to 1,210 as 1 part in 220. If we take this amount with the values previously set down, we find that in the measure where the diameter of the earth is 1, the diameter of the Moon is 1/4 and 1/24; the diameter of Mercury 1/27; the diameter of Venus 1/4 + 1/20; the diameter of the Sun 5 1/2; the diameter of Mars 1 1/7; the diameter of Jupiter 4 1/3 + 1/40; the diameter of Saturn 4 1/4 + 1/20; and

[8] With *L* and Hebrew; *BM* reads: 74.
[9] With *L* and Hebrew; *BM* reads: 133.
[10] With *L* and Hebrew; *BM* reads: 4,999.
[11] This number is corrupt; see commentary.

[12] Hebrew: *ha-magistī.*

the diameters of the fixed stars of first magnitude at least $4\frac{1}{2} + \frac{1}{20}$. In the measure where the volume of the earth is 1, the volume of the Moon is $\frac{1}{40}$; the volume of Mercury is $\frac{1}{19.683}$;[13] the volume of Venus is $\frac{1}{44}$; the volume of the Sun $166\frac{1}{3}$; the volume of Mars $1\frac{1}{2}$; the volume of Jupiter $82\frac{1}{2} + \frac{1}{4} + \frac{1}{20}$; the volume of Saturn $79\frac{1}{2}$; the volume of first magnitude stars at least $94\frac{1}{6} + \frac{1}{8}$. Accordingly the Sun has the greatest volume, followed by the fixed stars of first magnitude. The third in rank is Jupiter, the fourth Saturn, the fifth Mars, the sixth earth, the seventh Venus, the eighth the Moon, and lastly Mercury.

We now repeat that, if all the distances have been given correctly, the volumes are also in accord with what we have said. If the distances are greater than those we described, then these sizes are the minimum [**BM 92a**] values possible. If their distances are correctly given, Mercury, Venus, and Mars display some parallax. The parallax of Mars, at perigee, is equal to that of the Sun at apogee. The parallax of Venus at apogee is close to that of the Sun at perigee. The parallax of Mercury at perigee is equal to that of the Moon at apogee, while the parallax of Mercury at apogee is equal to that of Venus at perigee. The ratio of each of them to the lunar and solar parallax is equal to the ratio of the distances that we have mentioned to the distances of the Sun and the Moon.

6. The first appearance of a star and its disappearance under the rays of the Sun, takes place when the star is on the horizon, rising or setting, and the Sun is near the horizon. The *arcus visionis* is measured on the great circle through the center of the Sun and the zenith. For first magnitude stars which lie on the orb of the zodiac, it is about 15° ; for Saturn about 13° ; for Jupiter 9° ; for Mars 14½° ; for Venus at morning setting and evening rising 7°, but at evening setting and morning rising 5° ; for Mercury 12°. For acronychal risings of the outer planets, the Sun must be below the earth (i.e. the horizon) by about half the above-mentioned arc. (Two) different (values) were noted for the solar distance (*arcus visionis*) of Venus, but not for the other planets. The three outer planets, Saturn, Jupiter, Mars, appear and disappear from under the rays of the Sun only when they are near the apogee of their epicycles. Mercury, however, may appear near both apogee and perigee, but in either case it disappears and appears near its mean distance. Sometimes the elongation required for appearance is greater than its greatest elongation so that on occasion it fails to appear altogether. Venus disappears and appears near apogee and perigee, and its magnitude (*'uẓm*) at the time of its appearance varies owing to the difference in its distance (from the earth) at the times of its heliacal risings and settings.

7. Let us now consider the reason that our imagination ascribes magnitudes to these celestial bodies which are not in the same ratio as their distances. We should recognize that this effect is an optical illusion in [**BM 92b**] accordance with (the principles of) optics (*ikhtilāf al-manāẓir*). We shall explain this discrepancy in everything which is seen at a great distance. The eye cannot estimate such great distances, and similarly it cannot estimate the difference in the relative sizes of things of diverse magnitudes, for the eye (merely) gathers (the visual rays) which are then interpreted in terms of what is more familiar. Hence, the planets seem closer to us than they truly are, for the eye (naturally) compares them to things at more familiar distances, as we have explained. The (estimated) magnitude varies according to the distance, but at a smaller ratio (than geometric rules would require) on account of the weakness of our visual perception to discern quantity of either kind (i.e. distance or magnitude), as we have mentioned.

End of Book I of Ptolemy's *Planetary Hypotheses*

COMMENTARY ON THE PLANETARY DISTANCES AND SIZES

Section 3: *Planetary Distances in Earth Radii*

In the Almagest (V, 13), Ptolemy states that, in earth radii, the mean distance to the Moon at syzygy is 59, at quadrature 38;43, and the epicyclic radius is 5;10. Hence the maximum distance to the Moon is 64;10 earth radii (59 + 5;10), and the minimum distance is 33;33 earth radii (38;43 − 5;10). Dropping fractions we get the values here: minimum lunar distance, 33 earth radii; maximum lunar distance, 64 earth radii.

The solar distance is given in the Almagest (V, 15) as 1,210 earth radii, but it is not explicitly stated that this is the mean distance. Here 1,210 earth radii is the mean solar distance, and the minimum and maximum solar distances are then correctly computed as 1,160 earth radii and 1,260 earth radii, for the solar eccentricity is 2½ parts in 60.

Mercury presents a problem here for the ratio of its least to greatest distance cannot be 34:88, as the text states. With the parameters of the Almagest, the ratio

[13] Hebrew: $\frac{1}{19.663}$.

is 33;4 to 91;30 as Hartner has already noted.[1] In the first part of the *Planetary Hypotheses*,[2] Ptolemy changes the parameters of his Mercury model[3] (the radius of the epicycle is changed from 22;30 to 22;15, and the radius of the circle on which the center of the deferent moves is changed from 3 to 2;30) but these parameters still do not yield the ratio 34:88 but rather about 34 to 90;15 (i.e. 60 + 3 + 2;30 + 2;30 + 22;15). From the ratio 34:88 and the minimum distance of 64 earth radii, Ptolemy derives the maximum distance of Mercury equal to 166 earth radii.

For Venus, Ptolemy states here that the ratio of minimum distance to maximum distance is 16:104. From the model for Venus in the Almagest,[4] the ratio should be 15;35 to 104;25 and this ratio was then rounded to 16:104. (Note that both for Mercury and Venus the ratios have not been reduced to lowest terms.) From the ratio of minimum distance to maximum distance and a minimum distance of 166 earth radii, Ptolemy computes the maximum distance of Venus equal to 1,079 earth radii.

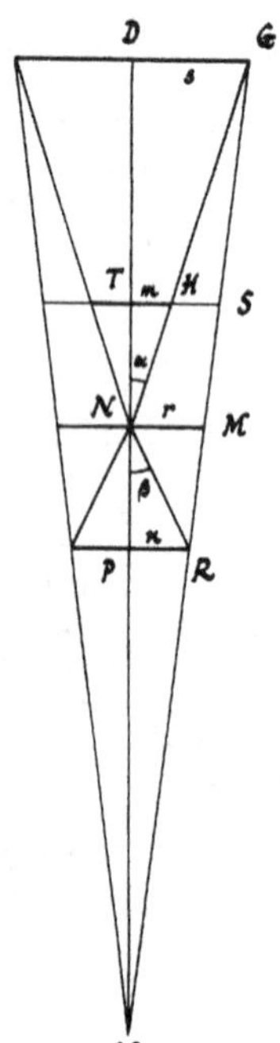

FIG. 1

To eliminate the space between the maximum distance of Venus and the minimum distance of the Sun, Ptolemy suggests that the lunar distance be increased slightly. The solar distance was determined in the Almagest (V, 15) from three conditions: (1) the Moon at its maximum distance exactly covers the Sun and they both subtend an angle of 0;31,20°; (2) the maximum lunar distance is 64;10 earth radii; and (3) the ratio of the shadow diameter to the lunar diameter is 2⅗ to 1. As Ptolemy remarks here, the derivation of the solar distance is quite sensitive to small changes in the lunar distance. Thus, we can compute that for a maximum lunar distance of 65 earth radii, the mean solar distance is reduced to 985 earth radii. To demonstrate this, consider figure 1, where s (GD) is the radius of the Sun, m (HT) the radius of the Moon, r (MN) the radius of the earth, and n (RP) the radius of the shadow. The distance to the shadow is equal to the distance to the Moon, i.e.

$$TN = NP = d \qquad (1)$$

Let α be the angle subtended by the radius of the Sun and the Moon, i.e.

$$\text{angle } DNG = \text{angle } TNH = \alpha = 0;15,40^\circ \qquad (2)$$

Moreover we are given that

$$\beta/\alpha = 2\tfrac{3}{5} \qquad (3)$$

where β is the angle subtended by the radius of the shadow. Thus

$$n \approx 2\tfrac{3}{5}\, m \qquad (4)$$

But

$$m = d \sin \alpha = (d/2) \operatorname{crd} 2\alpha = d \times 0;0,16,24 \qquad (5)$$

and

$$\begin{aligned} 2r &= ST + RP \\ &= SH + m + 2\tfrac{3}{5}\, m \end{aligned} \qquad (6)$$

or, letting $r = 1$

$$SH = 2 - 3\tfrac{3}{5}\, m \qquad (7)$$

In triangles MNG, and DGN

$$\frac{SH}{1} = \frac{GH}{GN} = \frac{DT}{DN} \qquad (8)$$

Therefore

$$1 - SH = \frac{DN - DT}{DN} = \frac{d}{DN} \qquad (9)$$

or

$$DN = \frac{d}{3\tfrac{3}{5}\, m - 1} \qquad (10)$$

[1] Hartner, "Medieval Views on Cosmic Dimensions," p. 267 ff. Hartner argues that the ratio 34:88 is rounded from the ratio 64:166 (the minimum and maximum distances in earth radii), and that the maximum distance in earth radii was computed with Almagest parameters for Mercury's relative minimum and maximum distances but with the erroneous value, 60 e.r., for the minimum distances in earth radii, i.e. $60 \cdot (91;30/33;4) \approx 166$.

[2] Heiberg, p. 87, 89.

[3] For a description of Ptolemy's Mercury model, see O. Neugebauer, *Exact Sciences in Antiquity* (Providence, 1957), pp. 200, 207, and Hartner, p. 266 ff.

[4] *Cf.* Hartner, p. 271.

If we let $d = 65$ (instead of 64;10)

$$m = 0;17,46 \text{ (instead of } 0;17,33) \qquad (11)$$

and

$$DN = 985 \text{ earth radii (instead of 1,210 e.r.)} \qquad (12)$$

It is clear that the increase in the lunar distance affects the solar distance to a much greater extent than it affects the distance of Venus.

For Mars, Ptolemy here takes the ratio of its maximum distance to its minimum distance to 7:1. Using the parameters for Mars from the Almagest the ratio should be 105;30 to 14;30 which is only approximately 7:1. Setting the minimum distance of Mars equal to the maximum distance of the Sun (1,260 earth radii), he finds the maximum distance of Mars equal to 8,820 earth radii. Note that, if the Sun is drawn in to eliminate the space between the maximum distance of Venus and the minimum distance of the Sun, one should no longer take 1,260 earth radii as the maximum solar distance.

For Jupiter, Ptolemy here takes the ratio of minimum distance to maximum distance equal to 23:37. Using the parameters of the Almagest, the ratio is 45;45 to 74;15, but here Ptolemy has rounded this ratio to 46:74 and reduced it to 23:37. Ptolemy then computes the maximum distance of Jupiter and finds it equal to 14,187 earth radii, but my recomputation with the same data yields 14,188.7 earth radii. Since the words for seven and nine are easily confused in Arabic manuscripts, the Greek text may have read: 14,189.

For Saturn, Ptolemy here takes the ratio of minimum distance to maximum distance equal to 5:7. Using the parameters of the Almagest, the ratio is 50;5 to 69;55. Ptolemy then computes the maximum distance of Saturn and finds it equal to 19,865 earth radii. But $\frac{5}{7}$ of this amount is 14,189 earth radii, which seems to confirm the suggested emendation for the maximum distance of Jupiter.

Section 4: *Planetary Distances in Stades.*

The circumference of the earth is given here as 18 myriad stades, the same value found in Ptolemy's *Geography* (VII, 5).[5] Ptolemy takes the earth's radius equal to 2;52 myriad stades, from which it is clear that the amount of the circumference was rounded off from a more precisely computed figure, for $\frac{9}{2;52}$ (i.e. 3.139) is too low a value for π.

The distances to the boundaries between the planetary spheres are now computed in stades from the values previously stated in earth radii and the value for the radius of the earth in stades. The numbers in the text are derived from the minimum distance of the Moon, 33 earth radii; the maximum distance of the Moon, 64 earth radii; the minimum distance of Venus, 166 earth radii; the maximum distance of Venus 1,079 earth radii; the minimum distance of Mars 1,260 earth radii; and the maximum distance of Mars, 8,820 earth radii. The distance to the boundary between Jupiter and Saturn presents a difficulty, and I see no way to correct the corrupt number in the text. If we take the distance in earth radii as stated in the text, 14,187, this boundary would lie at a distance of 40,669;24 myriad stades, whereas if we accept the emendation that the distance in earth radii is 14,189, the boundary would lie at a distance of 40,675;8 myriad stades. The distance to the boundary between the spheres Saturn and the fixed stars agrees with the maximum distance of Saturn, 19,865 earth radii.

Section 5: *Relative Sizes of the Planets.*

The apparent diameters included here, which became canonical values in the Middle Ages,[6] are given in terms of the solar diameters when the planet is at its mean distance. Table I lists the mean distances, the apparent diameter, the true diameter, and true volume for each planet as stated in the text.

TABLE I

Planet	Mean Distance in Earth Radii	Apparent Diameter compared to the Sun's	True Diameter compared to the Earth's	Volume compared to the Earth's
Moon	48	1⅓	¼ + 1/24	1/40
Mercury	115	1/15	1/27	1/19,683
Venus	622½	1/10	¼ + 1/20	1/44
Sun	1,210	1	5½	166⅓
Mars	5,040	1/20	1 1/7	1½
Jupiter	11,504	1/12	4⅓ + 1/40	82¼ + 1/20
Saturn	17,026	1/18	4¼ + 1/20	79½
1. Magn. Stars	20,000	1/20	4½ + 1/20	94⅙ + ⅛

The mean distances were computed by taking one-half the sum of the maximum and minimum distances already mentioned. The apparent diameter given for the Moon indicates that Ptolemy has taken his lunar model as accurately measuring the size as well as the distance of the Moon, i.e. if at maximum lunar distance (64 earth radii) the lunar diameter equals the solar diameter, then at ¾ of that distance, the Moon must appear 4/3 times as large as the Sun.

The true diameter of each planet is derived from the mean distance and the apparent diameter as follows. Let d be the mean distance of the planet, D the mean distance of the Sun, α the apparent angular diameter of the planet, β the angular diameter of the Sun, k the ratio of the planet's apparent diameter to that of the Sun, P the true diameter of the planet, and S the true diameter of the Sun.

[5] *Cf.* M. R. Cohen and I. E. Drabkin, *A Source Book in Greek Science* (Cambridge, Mass., 1958), p. 180.

[6] *Cf.* J. L. E. Dreyer, *A History of Astronomy from Thales to Kepler* (reprinted by Dover Publications, 1953), p. 258.

Then,

$$P \approx d\,\alpha \qquad (1)$$

and

$$S \approx D\,\beta \qquad (2)$$

where

$$\frac{\alpha}{\beta} = k \qquad (3)$$

Thus

$$P = \frac{Sdk}{D} \qquad (4)$$

The true diameter of the Sun, S, is taken from the Almagest (V, 16) as equal to 5½ earth radii, and the other diameters are computed from equation (4). For the true diameter of Venus, all of the Hebrew and Arabic manuscripts give the value entered in the table (i.e. 0;18). But according to my computation ¼ + 1/30 (i.e. 0;17) should be the result. This emendation is supported by the volume of Venus which was certainly computed by cubing 0;17.

The volumes are computed by cubing the true diameters, and both the diameters and the volumes were rounded in the computation as well as in the result. In the Almagest (V, 16) the volume of the earth is given as 39¼ times that of the Moon, whereas the volume of the Sun is given as 170 times that of the earth.

H 71 BM 81[b] L 1[b]

كتاب بطليموس
في الهيئه المسمى بالاقتصاص

بسم الله الرحمن الرحيم اللهم توفيقك لما ترضاه
المقاله الاولى من كتاب بطليموس في الهيئه المسمى بالاقتصاص
قال بطليموس انا وصفنا ياسورى في الاقاويل التي وصفناها في الامور التعليميه
واثبتنا ذلك بقياس برهاني وبينا الشي الذي يكون كل واحد منها موافقا فيه لما يظهر
لنا والشي الذي لا يوافقه فيه ليبين هذا امر الحركه المستديره اللازمه ضرورة
للاشيا التي تتمها الطبيعه الثابته على حال واحده المستويه النظام وانه لا يمكن فيها
قبول الزياده والنقصان بنوع من الانواع البته واما في كتابنا هذا فان غرضنا ان
نضع فيه جمل هذه الاشيا التي ذكرناها فقط ليكون تصورها في اوهامنا واوهام
من اراد ان يعمل لها الالات سهلا وكذلك ان اراد مريد ان يحسب باليد فيعلم
الموضع الذي انتهت اليه كل واحده من الحركات وكذلك ان اراد ايضا لجمع الحركات
بعضها الى بعض والى حركه الكل بمذهب المجسطي وهي الجمل ليس بان يعمل نحوه على المثال
الذي جرت به العاده فان هذا النوع من الامر مع ما فيه من المناقضه لما قد وضع
L 2[a] وقيل في الحركات فانما يتبين فيه ظاهر الشي فقط وليس يظهر فيه الموضع الحقيقي
حتى انه يكون به ظهور الصناعه ليس ظهور الموضع بالحقيقه لكن بان نعمل ذلك بنوع يقع تحت
H 73 البصر نظام الحركات وفصولها والاختلاف الذي يرى لها بنظر الناظر من البعاد حتى
تتحرك حركه مستويه مستديره وان كان لا يمكننا ان نركب الحركات كلها تركيبا موافقا
لغرضنا الذي قصدنا له لكنا نبين بهذا النوع من العمل حال كل واحد منها بانفراده
ونحن مصيرون ما نضعه هاهنا من الجمل موافقا لما جردناه في كتاب
السطكسيس واما ما نضعه من الاشيا الجزويه فانا نتبع فيه ما تبين لنا
من الارصاد المتواتره التي رصدناها في مواضع كثيره وصححناها وعملنا بها ووصفنا
احوالها اذا قيست بسطح من السطوح او عودات ادوارها ونجعل ايضا ما نضعه
من الجمل تابعا لما قدمنا برهانه ونقسم ونفصل الحركات المتصله المستويه حيث ينبغي
ان نفصلها ونجمع الحركات التي لم تكن جمعناها حتى يكون مبادي الحركات واقسامها
مبادي اقسام منطقه فلك البروج لما في ذلك من السهوله في التجربه والقسمه

كتاب بطلميوس القلوذي في اقتصاص جمل حالات الكواكب المتحيرة اصلاح
ابي الحسن ثابت بن قرة رحمه الله L. fol 1[a] 1-2 كتاب بطلميوس القلوذي
في اقتصاص جمل حال الكواكب المتحيرة L. fol. 1[b] 4-5 من ... قال بطلميوس
L. omits 5 وصفنا] الاصول التي عليها مبنى الحركات السماوية L. adds 5 وصفناها]
وضعناها .L 6 واثبتنا] واتينا في .L 6 الذي] يجب ان L. adds 10 ذكرناها]
ذكرنا .L 12 اراد] اردنا .L 13 بمذهب .L 14 معما .L 15 يتبين فيه]
نبين .L 16 انه] انما L. adds 21 السطكيسيس وهو المجسطي .L 22 ووصفنا]
وضعها .L 23 احوالها] اوحالها .L 24 برهناه .L 26 واقسام .L 26 السهوله في]
سهولة .L

BM 82a L 2b

وليظهر هاهنا امر كل واحد من الحركات وخواصها ظهورا بينا فان نسلم الحركات على تلك الجهات بعينها التي ذكرنا في غير هذا الموضع ونستعمل في وضع الافلاك التي من اجلها يكون اختلافات الحركات وترتيبها المذهب الذي هو ابسط المذاهب ليكون الطريق في هيئة الآلات سهلا وان خالف ذلك حالها بعض الخلاف ونحمل تاليف الحركات هاهنا بالدواير اعيانها وحدها لانها مباينة للاكر التي تحيط بها فنقف بذلك على ما قدمنا وضعه ويكون منفردا ظاهرا مكشوفا ولنبدي في ذلك من الحركة الكلية (H 75) لانها اقدم الحركات للاجزاء كلها وهي محيطة بها فيكون ذلك مثالا في كثير من امور هذه الطبيعة العجيبة جدا التي تعطي الاشياء الشبيهة بها ما يشبه حالها وذلك بتبيين ما سنبرهنه من بعد

فلنتوهم دايرة من الدواير العظام مخطوطة على مركز العالم ثابتة ولنسم فلك معدل النهار واذا قسم الخط المحيط بهذه الدايرة بثلثماية وستين قسما مستوية الاقسام فلنسم الاقسام باسم لها خاص وهو الازمان ولنخط بعد ذلك دايرة يكون مركزها مركز هذا الفلك وتكون هي في سطحه وتتحرك حول مركزه باستدارة حركة مستوية السرعة من ناحية المشرق الى ناحية المغرب ولنسم هذه الدايرة الفلك المحرك ولتكن دايرة اخرى من الدواير العظام يديرها هذا الفلك ولتكن مايلة عنه مخطوطة على مركزه (L 3a) منتقلة فيه ولنسم فلك البروج وليكن ميل هذه السطوح بعضها عن بعض محيطا بزاوية تكون ثلثا وعشرين درجة واحدى وخمسين دقيقة وعشرين ثانية بالمقدار الذي يكون به الزاوية القايمة تسعين جزا واذا قسم فلك البروج ايضا ثلثماية وستين قسما متساوية فلنسم هذه الاجزا باسم خاص لها وهو درج ولنسم النقطتان اللتان منهما وبين نقطتي الاعتدال عن جنبيهما ربع فلك نقطتا الانقلاب والنقطة المايلة الى الشمال من هاتين النقطتين تسمى نقطة الانقلاب الصيفي وتسمى ايضا منتهى الشمال والنقطة المقابلة لهذه النقطة نقطة الانقلاب الشتوي وتسمى ايضا منتهى الجنوب وكذلك ايضا نقطتا الاعتدال تسمى النقطة منهما المتقدمة لنقطة المنقلب الصيفي في حركة الكل نقطة الاعتدال الربيعي والنقطة التي تتقدم المنقلب الشتوي نقطة الاعتدال الخريفي والعالم يدور دورا واحدا اذا ابتدا (H 77) من نقطة من نقط الفلك المحرك فيجري من نقطة من فلك معدل النهار الثابت حتى يعود على تلك النقطة بعينها اول عودة وهو بين ان هذه العودة [illegible] (L 3b)

[illegible]

---

1 وخواصها] L. omits 1 فان] وان L. 5 باعيانها L. 6 وضعه L. 7 الاخر كلها L.
8 مثالا] لنا L. adds 9 بما L. 11 الاقسام] L. omits 12 فلنسمى L. 12 خاص لها L.
14 ونسمى L. 15 مركزه] غير L. adds 16 ويسمى L. 16 السطح L. 17 ثلثه L.
19 اللتان] With L., insert BM margin. 25 ابتدات L. 26 من نقطة من
نقط] نقطه ما من نقطه L. 26 اول عوده] او اعوده L.

BM 82b
من فلك معدل النهار بثلثمايه وستون زمانا ولكن لما كانت عودات حركه
العالم ليس وقت تمامها بظاهر وكانت الايام والليالي بينه التمام لحال الشمس
صرنا نعد و نقدر هذه الحركه اولا ساير الحركات واليوم بليلته هو الزمان الذي
يدور الشمس معدل النهار الثابت دوره واحده بدوران العالم وهو بين ان
ان الشمس لو لم تكن لها حركه غير حركه فلك البروج لكان اليوم بليلته هو عوده
العالم مره واحده ولكن لما كان قد جعل لها حركه الى المشرق صار اليوم بليلته
اطول زمانا من زمان دوران العالم فيحيط اليوم الواحد وليلته بدوره واحده
وهي بثلثمايه وستون زمانا مزيدا عليه مقدار ما يصيب الشمس من مسيرها في
يوم وليله في فلك البروج من معدل النهار اذا جعلنا الحركات مستويه ن
واذ قد رسمنا هذه الاشيا فانا نصير بعدها الى القول في الكواكب المتحيره ونضع
اولا حركاتها البسيطه التي لا تخالطها غيرها وهي التي عنها تكون الحركات الجزيه
الكبيره الانواع التي ادركناها نحن على اقرب ما يكون من جميعه عوداتها
بما نصرنا فيه وصححناه اما في ثلثمايه سنه مصريه واربعه وسبعين يوما بلياليها
فنعمل على ان الشمس تعود الى نقطه الاعتدالين والانقلابين من فلك البروج ثلثمايه
مره وان كره الكواكب الثابته و وجبات الكواكب المتحيره تتحرك جزوا واحدا من
مايه وعشرين جزا من عوده واحده من هذه العودات وذلك لانه اجزا المقدار L 4a
الذي به يكون الفلك ثلثمايه وستون جزوا في سته وثلثين الف سنه من السنين
H 79
الشمسيه التي ذكرناها وهي تكون سته وثلثون الف سنه واربعه وعشرين
سنه من السنين المصريه ومايه وعشرين يوما اما كره الكواكب الثابته فانها
تدور دوره واحده ونقصتها الشمس خمسه وثلاثين الف دوره وتسعمايه وتسعه
وتسعين دوره ن واما عودات العالم فانها تكون مساويه لعدد ما يحيط
به هذا الزمان الذي ذكرنا من الايام بلياليها مزيدا عليه عدد ادوار
الشمس التي دارتها في هذا الزمان . واما القمر ففي ثمانيه الف وخمس مايه
وثلثه وعشرين سنه من السنين الشمسيه التي هي عوده الشمس الى نقطه الانقلابين
والاعتدالين وهي من السنين المصريه ٩٥٢٦ سنه ومن الايام بلياليها
٢٧٧ يوما وكد دقيقه وكذا ثانيه من يوم وليله ينفصل القمر من الشمس بادوار
متساويه لعدد جميع الشهور وهي مايه الف وسته الاف واربع مايه وسته عشر ن

---

2 وكانت الليالى والايام L. 3-5 هو الزمان ... لكان] L. omits 7 دور] دوران L. 7 بدوره واحده] يدور واحد L. 8 نصيب] مسير الشمس في L. 11 تكون] L. omits 13 بما] L. omits 13 وصححناه] واوضحناه L. 14 L. adds الى مواضع نقط الانقلابين والاعتدالين L. 17 في] ففي L. 21 لعدد ما] لعددها L. 24-25 نقط الانقلاب والاعتدال L. 25 9,528 (in words) 26 257 (in words)
26 وعشرون دقيقة واربع وعشرون L. 27 وسته عشر شهرا L.

وايضا فانه يتم للقمر من عودات الاختلاف في ثلثة الاف ومايتين وسبعه وتسعين شهرا BM 83a
ثلثة الاف وخمس مايه واثنتا عشر عوده ويتم له في خمسة الف واربع مايه وثمانيه وخمسين
شهرا من عودات العرض ٥٩٢٣ عوده واما كوكب عطارد فهي ٩٩٣ سنه L 4b
من السنين الشمسيه الماخوذه من عوداتها الى الاوجات والى مواضعها من كرة الكواكب
الثابته ويكون ذلك من السنين المصريه ٩٩٣ سنه ومن الايام بلياليها ٢٥٥ يوما
ند ه د مه نا بالتقريب تتم له من عودات الاختلاف ثلثة الاف ومايه وخمسين عوده
واما كوكب الزهره فهي ٩٦٤ سنه شمسيه من مثل هذه السنين التي ذكرناها
وهي من السنين المصريه ٩٦٤ سنه ومن الايام بلياليها ٢٤٧ يوما لد ب مه كج م كح
بالتقريب تتم له من عودات الاختلاف ستمايه وثلاث عودات واما كوكب
المريخ فهي الف سنه وعشره سنين شمسيه من مثل هذه السنين التي ذكرناها وهي
تكون من السنين المصريه الف سنه وعشره سنين ومن الايام بلياليها ٢٥٩ يوما
كب نه نو يو كز نه بالتقريب تتم له من عودات الاختلاف اربع مايه وثلاثه وسبعون
عوده واما كوكب المشتري فهي سبع مايه وسبعين سنه شمسيه من مثل السنين التي L5a
ذكرناها وهي تكون من السنين المصريه سبع مايه وسبعين سنه ومن الايام بلياليها
١٩٦ يوما ه ط يح ه كو نز بالتقريب تتم له من عودات الاختلاف سبع مايه وست
عودات واما كوكب زحل فهي ٣٢٤ سنه شمسيه من هذه السنين التي ذكرناها
H 81 وهي تكون من السنين المصريه ٣٢٤ ومن الايام بلياليها يج يوما ب كو يط يد كه مح
بالتقريب تتم له من عودات الاختلاف ثلث مايه وثلثه عشر عوده ن
حال فلك الشمس فلنتوهم في كرة الشمس دايرة تكون في سطح فلك
البروج وتكون خارجه المركز ويكون نسبه الخط الخارج من مركزها الى الخط المحيط
بها الى الخط الذي بين مركزها ومركز فلك البروج كنسبه الستين الى
الاثنين ونصف ويكون الخط الذي يجوز على المركزين وعلى اوج الفلك الخارج
المركز يقطع ابدا من فلك البروج مما يلي نقطه الاعتدال الربيعي على ما يتلو
من البروج قوسا يكون مقدارها خمسه وستون جزوا ونصف جزء ومركز الشمس
يتحرك على الفلك الخارج المركز الذي ذكرناه من المغرب الى المشرق حركه مستويه
حول مركز هذا الفلك وترى الشمس في خمسين ومايه سنه مصريه وتسعه وثلاثين
يوما بلياليها تعود الى اوج الفلك الخارج المركز خمسين ومايه عوده وكره L5b

---

2 واثنا .L 3 (in words) 5923 .L 3 (in words) 993 .L 5 (in words) 993 .L
5 (in words) 255 .L 6 وصفر واربع وخمسين وصفر واربع خامسة واربعين
رابعه واحد وخمسين .L 6 الف .L 7 (in words) 964 .L 7 ذكرنا .L
8 (in words) 964 .L 8 (in words) 247 .L 8 (in words) 34,2,45,23,40,28 .L 9 خامسة
بالتقريب تتم لها .L 11 سنه وعشره] وعشر .L 11 (in words) 259 .L 12 (in words)
14-15 التي ذكرناها وهي تكون من السنين] L. omits 16 مايه وثمسه .L 22,50,56,16,27,50
وسبعه وتسعين يوما .L 15 (in words) 0,9,18,0,26,57 .L 16 (in words) 324 .L 16 من
مثل هذه .L 17 (in words) 324 .L 17 (in words) 12,26,19,14,25,48 .L 22 والنصف .L
22 على] هذين L. adds 24 جزوا] درجة .L 24 جزو] درجة 26 فمرى .L 26 وسبع وثلثين .L

[BM 83b] الكواكب الثابته تتحرك حول مركز فلك البروج وحول قطبيه من المغرب الى المشرق حركه مستويه في الزمان الذي ذكرناه درجه ونصف بالمقدار الذي تكون به فلك البروج ثلاث مايه وستون درجه وقد كان بعد الشمس في الفلك الخارج المركز من اوج الفلك الخارج المركز على ما يتلو من البروج في اول السنه التي بعد موت الاسكندر اليناني اول يوم من شهر توت من شهور القبط في وقت نصف النهار بالاسكندريه مايه درجه واثني وستين درجه وعشره دقايق وكان بعد الكوكب الذي على قلب الاسد من نقطه الاعتدال الربيعي على ما يتلو من فلك البروج مايه درجه وسبع عشره درجه واربع وخمسون دقيقه

حال افلاك القمر

وايضا فانا نتوهم في ذكر القمر فلكا مركزه مركز فلك البروج يتحرك في سطحه وحول مركزه حركه مستويه من المشرق الى المغرب بمقدار [H 83] زياده مسير القمر الماخوذ في فلك البروج على مسير الشمس الاوسط والحركه التي تبعد ما بين النيرين الوسطي مجموعين فيعود هذا الفلك في سبع وثلاثين مصريه وثمانيه وثمانين يوما بلياليها عودتين وذلك بالتقريب لانه يزيد على ما قلنا اذا استقصي دقيقه واحده ويتحرك هذا الفلك فلكا اخر مائلا عنه يكون مركزه هو مركز هذا الفلك ويكون زما لهذا الفلك غير زايل عنه وليكن ميله ميلا يحوي زاويه تكون خمسه اجزا بالمقدار الذي به تكون الزاويه القايمه تسعين جزوا [L 6a] وليكن في سطح هذا الفلك المايل الذي ذكرناه فلك خارج المركز يكون نسبه نصف قطره الى الخط الذي بين مركزه ومركز فلك البروج كنسبه الستين الى الاثني عشر ونصف وليتحرك مركز هذا الفلك الخارج المركز حول مركز فلك البروج حركه مستويه من المشرق الى المغرب من منتهى الشمال مقدار ما يزيد ضعف الحركه الوسطي التي تبعد ما بين النيرين على مسير العرض في فلك البروج في الازمان المتساويه ففي سبع عشره سنه مصريه وثلثمايه وثمانيه واربعين يوما بلياليها يعود في فلكه المايل مايتي عوده وثلاث عودات وذلك بالتقريب لانه ينقص عما ذكرنا اذا استقصي دقيقتين ويتحرك مركز فلك التدوير من المغرب الى المشرق من اوج الفلك الخارج المركز بمقدار ضعف الحركه الوسطي التي تبعد ما بين النيرين ويكون وضعه ابدا على الفلك الخارج المركز وهذه الحركه مساويه للحركتين اللتين ذكرناهما انفا مجموعتين ففي تسعه عشر سنه مصريه

---

2 ذكرنا .L 3-4 الخارج ... يتلو من] L.omits 5 توث .L 5 نهار الاسكندريه .L ماوستين درجة] وقد كان L.adds 9 افلاك] فلك .L 14-15 فلكا... هو مركز هذا الفلك] L.omits 16 الذى يكون به .L 17 ذكرنا L 19 والنصف .L 24 عما] عن ما .L

وثلثمايه يوم تقريبا لانها يعود في الفلك الخارج المركز اربع مايه عوده وتسعين عوده • [BM 84a]
[H 85] بالتقريب لانه يزيد على ما ذكرنا اذا استقصي اربع دقايق فليكن مركز فلك
التدوير الذي ذكرناه في سطح الفلك المايل وذلك الخط الذي فيما بين مركز
ومركز فلك البروج الذي يدور هذا الفلك حوله ابدا ويتحرك حركة مستويه وهذا [L6b]
الخط يكون على نقطة من فلك التدوير باعيانها وهي التي تسمى الاوج والبعد الاقرب
ويكون نسبة قطر الفلك الخارج المركز الى نصف قطر فلك التدوير كنسبة الستين
الى الستة والثلث ومركز القمر يسير سيرا مستويا من ناحية الاوج من المشرق
الى المغرب وحركته هي حركة الاختلاف وهي ست وعشرين سنة مصرية وتسعة
وتسعين يوما تقريبا لانها يعود في فلك التدوير لثمانيه وثمانية واربعين عوده وذلك
بالتقريب لانه ينقص اذا استقصي دقيقة واحده وقد كان بعد منتهى شمال الفلك
المايل من نقطة الاعتدال الربيعي على خلاف توالي البروج في هذه السنة الاولى
التي من بعد موت الاسكندر في اول شهر توت من شهور القبط في وقت نصف النهار
بالاسكندريه مايتي درجه وثلثين درجه ويط دقيقه وكان بعد اوج الفلك الخارج
ن المركز من منتهى الشمال الى المغرب ايضا اثنتين وثمانين درجه واربعين دقيقه وكان
بعد مركز فلك التدوير من اوج الفلك الخارج المركز على ما يتلو من فلك البروج
مايتي درجه وستين درجه واربعين دقيقه وكان بعد مركز القمر من اوج فلك
التدوير على توالي البروج خمسا وثمانين درجه وتسع عشرة دقيقه ن

حال افلاك عطارد واما عطارد فانا نتوهم في كرته فلكا مركزه
مركز فلك البروج يتحرك في سطحه وحول مركزه حركة مستويه من المغرب الى
المشرق مساويه لحركة الكواكب الى حركة الكواكب الثابته وليحرك هذا الفلك [L7a]
[H 87] بحركته فلكا مايلا عنه وليكن مركزه مركز هذا الفلك وليكن عن زايل عنه وليكن ميل
هذين السطحين كل واحد عن الاخر يحوي زاويه تكون بسدس درجه بالمقدار الذي به تكون
الزاويه الواحده القايمه تسعين جزوا وليكن في سطح الفلك المايل قطر من منتهى الشمال
الى منتهى الجنوب ونعلم على هذا القطر نقطتين فيما بين مركز فلك البروج ومنتهى الجنوب
مايلي مركز فلك البروج وليتحرك مركز الفلك الخارج المركز حول بعدها من النقطتين
من مركز الارض على خلاف توالي البروج حركة مستويه من اوج الفلك الخارج المركز
الذي هذه النقطة مركزه مقدار زيادة مسير الشمس على مسير الكواكب الثابته
ا

---

1 عودة] وذلك L. adds 3 ذكرنا L 5 تسمى] نسبتها L. 6 نسبة] نصف L. adds
7 نسير سيرًا L. 8 وهي] ففي L. 12 توت L. 12-13 نهار الاسكندرية L. 13 وتسع عشر
دقيقه وثلث عشره L 16 وستين درجه] L. omits 17 وتسع] وسبع L. 18 كرته]
كونه L. 20 لحركة] كرة L. adds 20 الكواكب الى الحركة] L. omits 21 فلكا] اخر
L. adds 24 ونعلم] ونتعلم L. 25 هاتين L.

[BM 84b] اذ كانت الحركتان في ازمان متساويه ففي مايه سنه واربع واربعين سنه مصريه وسبعه وثلاثين يوما بلياليها يعود مايه واربعه واربعين عوده وذلك بالتقريب لانه يزيد اذا استقصي دقيقتين واما مركز فلك التدوير فيتحرك حول النقطه الاخرى التي هي اقرب النقطتين اللتين ذكرنا الى الارض على ما يتلو من فلك البروج من موضع اوج الخروج عن المركز ويكون وضعه ابدا على الفلك الخارج [L7b] المركز ويكون حركته مساويه للحركه التي ذكرنا ففي مايه سنه واربعه واربعين سنه مصريه وسبعه وثلاثين يوما بلياليها يعود الى موضع الخروج عن المركز مايه واربعه واربعين عوده وذلك بالتقريب لانه يزيد على ذلك اذا استقصي دقيقتين وليكن بعد ما بين مركز فلك البروج واقرب هاتين النقطتين من الارض ثلثه اجزا وبعد ما بين مركز فلك البروج وابعد هاتين النقطتين من الارض خمسه اجزا ونصفا بالمقدار الذي يكون به نصف قطر الفلك الخارج المركز ستين جزوا وبعد ما بين ابعد هاتين النقطتين من الارض وبين مركز الفلك الخارج المركز جزون ونصفا ن وايضا فانا نتوهم فلكا صغيرا حول مركز فلك التدوير اعني حول مركز كرة فلك التدوير في سطح الفلك المايل ويكون الخط الذي يصل ما بين مركز هذا الفلك وبين اقرب النقطتين اللتين ذكرنا من الارض وهي النقطه التي يتحرك حولها هذا الفلك حركه مستويه ابدا يمر من هذا الفلك بنقطة باعيانها [H 89] وهي التي تسمى الاوج والبعد الاقرب ن ونتوهم ايضا فلكا اخر صغيرا يكون مركزه مركز هذا الفلك الذي ذكرنا يتحرك في بسيط الفلك الذي قلنا حول مركزه حركه مستويه فاذا تحرك من موضع الاوج كانت حركته الى خلاف الناحيه التي يتحرك اليها العالم وكانت حركته مساويه لحركه الفلك الخارج المركز الذي ذكرنا او لحركه فلك التدوير ويحرك هذا الفلك بحركته فلكا [L8a] اخر مايلا عنه وعلى مركزه وليكن قدر ميل هذا الفلك عن الذي مال عنه ولتحيط ميله زاويه تكون سته اجزا ونصف جزء بالمقدار الذي يكون به الزاويه القايمه تسعين جزءا ونسبه نصف قطر الفلك الخارج المركز الى نصف قطر هذا الفلك الصغير كنسبه الستين الى الاثنين وعشرين والربع ن ولنتوهم الكوكب في هذا الفلك وانه يسير في مركزه سيرا مستويا من الاوج على خلاف حركه العالم وليكن حركته فيه مساويه لحركه مركز فلك التدوير وحركه اختلاف الكوكب مجموعين في اختلاف مايتي سنه وخمسين سنه مصريه ومايه

9-11 خمسة اجزا... من الارض] L. omits 12 مركز] كرة L. adds 12-13 اعني... التدوير] L. omits 18 خلاف] L. omits 27 اختلاف] L. omits

واربعه وتسعين يوما بلياليها يعود الكوكب في فلك تدويره المايل ثمان مايه عوده BM 85a
وخمس وستون عوده وذلك ما لتقريب لانه يزيد على ذلك اذا استقصى الحساب اربع
دقايق وقد كان بعد اوج الفلك الخارج المركز من نقطه الاعتدال الربيعي
على توالي البروج في السنه الاولى التي بعد موت الاسكندر في اول شهر توت من
شهور القبط وقت نصف النهار بالاسكندريه مايه درجه وخمسا وثمانين درجه
واربعه وعشرين دقيقه وكان بعد منتهى الشمال من هذه النقطه خمس درجات
واربعا وعشرين دقيقه وكان بعد مركز الفلك الخارج المركز من اوج موضع
الخروج عن المركز على خلاف توالي البروج اثنين واربعين جزا وسته عشر دقيقه L8b
H 91 وكان بعد مركز فلك التدوير من اوج موضع الخروج عن المركز على ما يتلوا
من فلك البروج مثل هذه الاجزا اعني الاثنين والاربعين الجز والسته عشر
دقيقه وكان ايضا بعد منتهى الشمال للفلك المايل الصغير من اوج فلك التدوير
على خلاف توالي البروج مايه جزا واثنين وثلاثين جزا وسته عشر دقيقه وكان
بعد الكوكب من منتهى شمال الفلك المايل الصغير على توالي البروج ثلاث مايه جز
وسته واربعين جزوا واحدى واربعين دقيقه ن
حال افلاك الزهره اما كوكب الزهره فانا نتوهم ايضا ان لها فلكا
مركزه مركز فلك البروج يتحرك في سطحه وحول مركزه حركه مستويه من ناحيه
المغرب الى ناحيه المشرق مثل حركه كره الكواكب الثابته وليحرك هذا الفلك
بحركته فلكا اخر مايلا عنه وعلى مركزه وليكن غير زايل عنه وليميل سطحه
زاويه تكون سدس جز بالمقدار الذي به تكون الزاويه القايمه تسعون جزوا
وليكن في سطح الفلك المايل قطر من منتهى الشمال الى منتهى الجنوب ولنعلم
عليه نقطتين فيما بين مركز فلك البروج ومنتهى الشمال وليكن الخط الذي
بين هاتين النقطتين مساويا للخط الذي بين مركز فلك البروج ومن النقطه التي
تليه من النقطتين وليكن فلك الخارج المركز مخطوطا على اقرب النقطتين من L9a
الارض غير زايل ولا متحرك وليكن نسبه نصف قطره الى الخط الذي بين
مركزه ومركز فلك البروج كنسبه الستين الى الواحد وليتحرك فلك التدوير
حول ابعد النقطتين من الارض حركه مستويه وليكن وضع مركزه ابدا على
الفلك الخارج المركز على ما يتلوا من فلك البروج من القطر الذي ذكرنا

---

1 وتسعين] وسبعين .L 4 ثوث .L 5 نهار الاسكندرية .L 15 افلاكه] فلكه .L 15 لها] له .L 19 الذى يكون به .L 22 ومن النقطة] وبين النقطه .L 23 المركز] L. adds البروج

مقدار زياده حركه الشمس على حركه الكواكب الثابته في الازمان المتساويه وايضا BM 85b
H 93 فانا نتوهم في كره فلك التدوير دايره صغيره على مركزها وفي سطح الفلك المايل
وليكن الخط الذي يمر بمركزها وبابعد النقطتين اللتين ذكرناهما من الارض الذي عليه
يتحرك هذا الفلك حركه مستويه تجوز من هذا الفلك الصغير على نقط باعيانها
وهي التي تسمى الاوج والبعد الاقرب وايضا فانا نتوهم فلكا اخر صغيرا يكون مركزه
مركز هذا الفلك ويتحرك في سطحه حركه مستويه من الاوج الى الناحيه التي
يتحرك اليها العالم حركه مساويه لحركه فلك التدوير الذي ذكرنا ن
وليتحرك هذا الفلك بحركته فلكا اخر مايلا عنه مركزه مركزه وهو زايل عن هذا الفلك
وليحيط ميل هذا الفلك زاويه تكون ثلثه اجزا ونصف جزء بالمقدار الذي تكون به الزاويه
القايمه تسعين جزوا ولتكن نسبه نصف قطر الفلك الخارج المركز الى نصف L9b
قطر فلك التدوير كنسبه الستين الى ثلثه واربعين وسدس وليتحرك الكوكب حول
مركز هذا الفلك حركه مستويه من الاوج الى خلاف الناحيه التي يتحرك اليها العالم
حركه مساويه لحركه فلك التدوير وحركه الكوكب بمجموعتين ففي خمس وثلثين سنه
مصريه وثلاثه وثمانين يوما بلياليها يعود سبعا وخمسين عوده وذلك بالتقريب
وذلك انه يزيد على ما قلنا اذا استقصي دقيقه واحده وقد كان بعد اوج
موضع الخروج عن المركز من نقطه الاعتدال الربيعي على ما يتلو من فلك البروج
في اول سنه من بعد موت الاسكندر في اول شهر توت من شهور القبط وفي وقت
نصف النهار بالاسكندريه خمسين درجه واربعه وعشرين دقيقه ومثل ذلك
كان بعد منتهى الشمال من هذه النقطه وكان بعد مركز فلك التدوير من اوج
موضع الخروج عن المركز على ما يتلوا من فلك البروج مايه جزء وسبعه وسبعين
H 95 جزءا وست عشره دقيقه وكان ايضا بعد منتهى الشمال للفلك المايل الصغير
من اوج فلك التدوير على خلاف توالي البروج سبعه وثمانين جزءا وست عشره
دقيقه وكان بعد الكوكب من منتهى الشمال الى الفلك الصغير على ما يتلوا من فلك
البروج مايه جزء وثمانيه وستين جزءا وخمسا وثلاثين دقيقه ن
حال افلاك المريخ واما كوكب المريخ فانا نتوهم في كرته ايضا فلكا
مركزه مركز فلك البروج يتحرك في بسيطه وحول محوره حركه مستويه من ناحيه المغرب L10a
الى ناحيه المشرق مساويه لحركه كره الكواكب الثابته وليتحرك هذا الفلك
بحركته

5 تسمى] نسميها .L 8 بحركته] L. omits 8 غير زايل .L 17 ثوث .L 18 نهار
الاسكندرية .L

BM 86a فلكا اخر مايلا عنه مركزه مركز هذا الفلك وهو غير زايل عنه وليحو ميل هذا الفلك زاويه تكون جزءا ونصف جزء وثلث جزء بالمقدار الذي تكون به الزاويه القايمه تسعين جزءا وليكن في سطح الفلك المايل قطر من منتهى الشمال الى منتهى الجنوب وليكن على هذا القطر نقطتان فيما بين مركز فلك البروج ومن منتهى الشمال وليكن الخط الذي بينهما بينهما مساويا للخط الذي بين مركز فلك البروج وبين النقطه التي تليه من هاتين النقطتين ولتكن اقرب النقطتين من الارض مركز الفلك الخارج المركز وليكن غير زايل ولا متحرك وليكن نسبه نصف قطره الى الخط الذي بين مركزه ومركز فلك البروج كنسبه الستين الى السته وليتحرك مركز فلك التدوير حول البعدى النقطتين من الارض حركه مستويه على ما يتلو من فلك البروج من موضع القطر الذي ذكرنا بمقدار زياده حركه الشمس على حركه هذا الكوكب وحركه كره الكواكب الثابته مجموعتين في الازمان المتساويه وليكن وضعه في حركته ابدا على الفلك الخارج المركز ففي خمس وتسعين سنه مصريه وثلثمايه واحدى وستين يوما يعود احدى وخمسون عوده وذلك بالمقرب لانه ينقص عما قلنا اذا استقصي بثلاث دقايق وايضا L10b
H 97 فانا نتوهم في ذلك فلك التدوير فلكا صغيرا على مركزها في سطح الفلك المايل وليكن الخط الذي يمر بمركز هذا الفلك بالنقطه التي هي ابعد النقطتين اللتين ذكرنا من الارض وهي التي يتحرك حولها فلك التدوير حركه مستويه يجوز على نقطتي هذا الفلك الصغير وهي التي تسميا الاوج والبعد الاقرب وليكن ايضا فلك اخر صغير يتحرك في سطح هذا الفلك وعلى مركزه حركه مستويه من الاوج الى الناحيه التي يتحرك اليها العالم وتكون مساويه لحركه مركز فلك التدوير الذي ذكرنا وليحرك هذا الفلك الصغير فلكا اخر مايلا عنه حول مركزه وليكن ثابتا في هذا الفلك غير زايل عنه وليحو ميله زاويه تكون ايضا اربعه اجزا ونصف وثلث جزء بالمقدار الذي تكون به الزاويه القايمه تسعين جزءا ولتكن نسبه نصف القطر من الفلك الخارج المركز الى نصف قطر الفلك الصغير كنسبه الستين الى التسعه والثلثين ونصف ويتحرك الكوكب في هذا الفلك الصغير حول مركزه حركه مستويه فاذا تحرك من الاوج كانت حركته على خلاف حركه العالم وحركته مساويه لحركه فلك التدوير وحركه الكوكب مجموعتين وذلك هو زياده حركه الشمس على حركه الكواكب الثابته في الازمان المتساويه L11a

---

1 مركزه] وهو L. adds 1 ميل] مثله L. 5 الذى بين مركز L. 5 تليه] يلته L.
7-8 البروج ... فلك] L. omits 13 عما] عن ما L. 14 وليكن] ولكن L. 16 على نقط من L. 17 الصغير] باعيانها L. adds 22-23 نسبة قطر الفلك L.

وقد كان بعد اوج موضع الخروج عن المركز من نقطة الاعتدال الربيعي على ما يتلوا من فلك البروج في اول سنة بعد موت الاسكندر في اول شهر توت من شهور القبط في وقت نصف النهار بالاسكندرية مائة درجة وعشر درجات واربعة وخمسين دقيقة وكان بعد منتهى الشمال مثل ذلك وكان بعد مركز فلك التدوير من اوج H 99 موضع الخروج عن المركز على ما يتلوا من فلك البروج للشمال جزءا وستة وخمسين جزءا وسبع دقايق وكان منتهى الشمال للفلك الصغير المايل من اوج فلك التدوير على خلاف توالي البروج مائة جزء وستة وسبعين جزءا وعشرين دقيقة وكان بعد الكوكب من منتهى شمال المايل الصغير على ما يتلوا من فلك البروج مائتين وستة وتسعين جزءا وستا واربعين دقيقة ن BM 86b

حال افلاك المشتري

واما كرة المشتري فانا نتوهم فلكا مركزه مركز فلك البروج ويتحرك في بسيطه وحول مركزه حركة مستوية من ناحية المغرب الى ناحية المشرق وحركة مساوية لحركة الكواكب الثابتة ويتحرك هذا الفلك ايضا لحركة فلك اخر مايلا عنه مركزه مركز هذا الفلك وليكن غير زايل عنه وليحوي ميل L11b هذين السطحين احدهما عن الاخر زاوية تكون جزءا ونصف جزء بالمقدار الذي تكون به الزاوية القايمة تسعين جزءا ونتوهم في سطح هذا الفلك المايل خطا مستقيما يخرج من مركز فلك البروج الى النقطة المتقدمة عن منتهى الشمال بعشرين جزءا وليكن على هذا الخط نقطتان يكون الخط الذي بينهما مساويا للخط الذي بين مركز فلك البروج وبين النقطة التي تليه [illegible] من النقطتين وليكن اقرب النقطتين من الارض مركز الفلك الخارج المركز غير زايل لا يتحرك ولتكن نسبة نصف قطره الى الخط الذي بين مركزه ومركز فلك البروج كنسبة الستين الى الاثنين والنصف والربع وليتحرك مركز فلك التدوير حول ابعد النقطتين من الارض حركة مستوية على ما يتلوا من فلك البروج وليكن وضع مركز فلك التدوير ابدا على الفلك الخارج المركز ولتكن حركته من موضع القطر الذي ذكرنا بمقدار زيادة حركة الشمس على حركة هذا الكوكب وحركة كرة الكواكب الثابتة H 101 مجموعتين في الازمان المتساوية في مائتي سنة وثلثة عشر سنة مصرية ومائتين واربعين يوما ما يليها يعود ثماني عشرة عودة وذلك بالتقريب لانه يزيد على ما قلنا اذا استقصي دقيقة واحدة والصا فانا نتوهم في كرة فلك

---

2 سنه] L. adds الى 2 ثوث L. 6 وكان] L. adds بعد 10 كرة] L. adds كوكب 12 المشرق وحركته L. 12 لحركة] L. adds كرة 19 الخارج] L. خارج 20 الستين الى الاثنين L. 25 مجموعتين في L. 27 قلنا] L. قلناه

التدوير فلكا صغيرا على مركزها في سطح الفلك المايل وليكن الخط الذي يمر BM 87[a] L12[a]
بمركز هذا الفلك وبالنقطة التي هي ابعد النقطتين اللتين تخرجان من الارض هي
التي يتحرك حولها فلك التدوير حركة مستوية تحوز على نقط من هذا الفلك الصغير
باعيانها وهي التي تسمى الاوج والبعد الاقرب ولكن الخط صغير مركزه مركز هذا
الفلك وليتحرك في بسيطه وحول مركزه حركة مستوية من الاوج الى الناحية التي
يتحرك اليها العالم وتكون مساوية لحركة مركز فلك التدوير الذي ذكرناه وليحرك
هذا الفلك الصغير فلكا اخر مايلا عنه حول مركزه وليكن ثابتا في هذا الفلك
غير زايل عنه ولنحو ميله زاوية تكون جزءا ونصف جزء بالمقدار الذي تكون به
الزاوية القايمة تسعين جزءا ولتكن نسبة نصف قطر الفلك الخارج المركز
الى نصف قطر الفلك الصغير كنسبة الستين الى الاحدى عشر ونصف وليتحرك
هذا الكوكب في هذا الفلك الصغير حول مركزه حركة مستوية من الاوج على خلاف
حركة العالم وحركته مساوية لحركة فلك التدوير وحركة الكوكب مجموعتين
وذلك هو ايضا زيادة حركة الشمس على حركة الكواكب الثابتة في الازمان
المتساوية وقد كان بعد اوج موضع الخروج عن المركز من نقطة الاعتدال
الربيعي على ما يتلو من فلك البروج في اول سنة بعد موت الاسكندر في اول
شهر توت من شهور المصريين وقت نصف النهار بالاسكندرية مائة درجة وستا L12[b]
H 103 وخمسين درجة وكد دقيقة وكان بعد منتهى الشمال منها مائة درجة
وستا وسبعين درجة وكد دقيقة وكان بعد مركز فلك التدوير من اوج
موضع الخروج عن المركز على ما يتلو افلاك البروج مائتي درجة واثنين وخمس
درجة وثلثا وعشرين دقيقة وكان بعد منتهى شمال الفلك الصغير المايل
على ما يتلو من فلك البروج مائتي جزءا واحدى وثلاثين جزءا و[..] دقيقة

ذكر افلاك زحل

واما في كره زحل فانا نتوهم فلكا مركزه مركز فلك
البروج يتحرك في بسيطه وحول مركزه حركة مستوية من ناحية المغرب الى ناحية المشرق وحركته
مساوية لحركة الكواكب الثابتة وليحرك هذا الفلك ايضا فلكا اخر مايلا عنه وليكن غير زايل
عنه ولنحو ميل هذين السطحين احدهما عن الاخر زاوية تكون جزءين ونصف جزء بالمقدار الذي
يكون به الزاوية القايمة تسعين جزءا ونتوهم في سطح الفلك المايل خطا مستقيما يخرج
من مركز فلك البروج الى النقطة المختلفة عن منتهى الشمال باربعين جزءا وليكن

---

2 وهي .L 3 نقط] L. omits ما ذكرنا ولنحرك .L 8 ونصف جز] ونصف .L
16 توث .L 16 المصريين] القبط في .L 17 واربع وعشرين .L 18 وكد]
واربع وعشرين .L 20 المايل] ايضا من اوج فلك التدوير على خلاف توالى
البروج اثنين وتسعين درجة وثلث واربعين دقيقه. وكان بعد الكوكب من
منتهى شمال الفلك المايل الصغير L. adds 21 وست عشره دقيقه .L 24 عنه]
حول مركزه L. adds 26 ونتوهم] ايضا L. adds

على هذا الخط نقطتان تكون الخط الذي بينهما مساويًا للخط الذي بين مركز فلك البروج BM 87^{b} L13^{a}
وبين النقطة التي تليه من ما بين النقطتين وليكن اقرب النقطتين من الارض مركز الفلك
الخارج المركز غير زايل ولا متحرك وليكن نسبة نصف قطره الى الخط الذي بين مركزه
ومركز فلك البروج كنسبة الستين الى المئة وثلث والنصف سدس وليتحرك مركز
فلك التدوير حول البعد النقطتين من الارض حركة مستوية على ما يتلو من فلك البروج
وليكن وضع مركز فلك التدوير ابدًا على الفلك الخارج المركز وليكن حركته من موضع
النقطة الذي ذكرنا بمقدار زيادة حركة الشمس على حركة هذا الكوكب وحركة الكواكب
H 105 الثابتة مجموعين في الازمان المتساوية ففي مائة سنة وتسعة عشر سنة مصرية وثلثماية
وثلاثين يومًا بلياليها يعود اربع عودات وذلك بالتقريب لانه يزيد على ما قلنا اذا
استقصي دقيقة واحدة وايضًا ما نتوهم في كرة فلك التدوير فلكًا صغيرًا على مركزها في سطح
الفلك المايل وليكن الخط الذي يمر بمركز هذا الفلك وبالنقطة التي هي البعد النقطتين
اللتين ذكرنا من الارض وهي التي يتحرك حولها فلك التدوير حركة مستوية يجوز على نقطتين من
هذا الفلك الصغير باعيانهما وهما اللتان تسمى الاوج والبعد الاقرب وليكن ايضا فلك اخر
صغير مركزه مركز هذا الفلك ويتحرك في سطحه وحول مركزه حركة مستوية من الاوج
الى الناحية التي يتحرك اليها العالم وتكون مساوية لحركة مركز فلك التدوير الذي L13^{b}
ذكرنا ويحرك هذا الفلك الصغير ايضا فلكًا اخر مايلا عنه حول مركزه وليكن
ثابتًا في هذا الفلك غير زايل عنه ولنحو ميله زاوية تكون ايضا جزءين ونصف جزء
بالمقدار الذي يكون به الزاوية القايمة تسعين جزءًا وليكن نسبة نصف قطر الفلك
الخارج المركز الى نصف قطر هذا الفلك الصغير كنسبة الستين الى الستة والنصف
وليتحرك الكوكب في هذا الفلك الصغير وحول مركزه حركة مستوية من الاوج على
خلاف حركة العالم وحركته مساوية لحركة فلك التدوير وحركة الكوكب مجموعين وذلك
هو زيادة حركة الشمس ايضا على حركة الكواكب الثابتة في الازمان المتساوية وقد كان
بعد اوج موضع الخروج عن المركز من النقطة التي هي الاعتدال الربيعي على ما يتلوا
من فلك البروج في اول سنة بعد موت الاسكندر في اول تموز توت من شهور القبط
H 107 في وقت نصف النهار بالاسكندرية مايتي درجة وثمانيا وعشرين درجة وكز دقيقة
وكان بعد منتهى الشمال منها مايه درجة وثمانية وثمانين درجة وكد دقيقة وكان
بعد مركز فلك التدوير من اوج موضع الخروج عن المركز على ما يتلو من فلك البروج

---

4 السدس .L 7 ذكرنا .L 8 وتسعه] وسبع 15 فلك] L.omits 17 ميله] مثله .L
18 نسبه نصف .L 24-25 الاسكندر ... النهار] L.omits 25 وكز] واربع وعشرين .L
26 واربع وعشرين .L

BM 88[a] ماتي جز وعشر اجزا ولح دقيقة وكان بعد منتهى الشمال للفلك الصغير المايل من اوج فلك
التدوير على خلاف توالي البروج سبعين جزا وثمانيه وثلثين دقيقه وكان بعد الاوج من منتهى الشمال
من الفلك المايل الصغير على ما يتلو من فلك البروج ماتي جز وتسعه عشر جزا وستة عشر دقيقه END H
L14[a] هذه هيه الكواكب المتحيره في افلاكها وعلى حسب ما قلنا يشبه ان يكون السبب
الذي من اجله يظهر في الحركات السماويه اختلاف غير عارض في كل الكواكب الثابته بوجه
من الوجوه وذلك ان هذه الكره تتحرك حركه قريبه جدا من حركه الكل الذي هو واجب ان
يكون طبعه طبعا بسيطا لا تخالطه غيره ولا تقبل الحالات المضاده البته فاما الكواكب
المتحيره كلها التي هي دون موضع هذه الحركه فانها تتحرك معها من المشرق الى المغرب
وتتحرك هي خلاف هذه الحركه من المغرب الى المشرق والى النواحي اعني الى قدام والى خلف
والى اليمين والى الشمال التي هي جهات الحركه المكانيه هي اول ساير الحركات والاشيا التي (وذلك ان الحركه المكانيه)
طبيعتها طبيعه دايمه ليس توجد فيها الا هذه الحركه وحدها وهي سبب التغيرات
المتضاده التي في الكيفيه والكميه الكاينه في الاشيا التي ليست دايمه وليس انما
هذه التغيرات فيما يظهر لنا منها فقط مثل ما هي في الدايمه لكن وفيها انفسها وفي جواهرها
واما الشمس فانا نظن بها ان لها اختلافا واحدا فقط وهو الذي يرى في حركتها في
فلك البروج لانه ليس فيما يتحرك شي اقوى منها فيقبل منه اختلافا اخر في مسيرها واما
ساير الكواكب المتحيره فان لها نوعين من الاختلاف احدهما قريب من الذي ذكرنا وهو
L14[b] الذي يكون على حسب ممرها في فلك البروج والاخر الذي يكون بحسب عودتها الى الشمس
فيكون لكل واحد منها حركه اراديه وحركه يضطر اليها فاما ما يعرض لها من الحركه التي
الى الناحيتين وانها في كل الكواكب الثابته وفي الشمس ايضا نوع واحد بسيط وهو
الذي من قبل ميل فلك البروج عن معدل النهار واما في القمر فنوعين احدهما الذي
ذكرنا والاخر الذي هو له فميله عن فلك البروج في فلكه المايل واما الخمسة الكواكب
المتحيره فبثلثه انواع فيكون اكثر ما يعرض من الاختلافات ثلثه اثنان منها اللذان
ذكرناهما والثالث من قبل الافلاك التي تدور حول الارض المايله عن فلك التدوير
فان هذه الافلاك شبيهه بامر ساير افلاك الميل في جميع احوالها وانما يتوهم ان بينها
وبينها اختلافا لانها لا تحيط بالارض لكن تقع الارض خارجا عنها ولذلك السبب
صارت الافلاك المايله يظن بها انها تتحرك وتنتقل الى جهتين متضادتين وان حركه
هذه الافلاك ايضا تكون على موازاه السطوح التي ميلها عنها ميل ثابت

---

1 ولح] وثماني ولثين .L 2-3 سبعين ... فلك البروج] L. omits 4 هذه هيه
... افلاكها] L. omits 7 البته] السده .L 10 المكانيه وذلك ان الحركة
المكانية هي .L 15 يتحرك] وجدنا في تسخين ما يتحرك وفي تسخين ما يظهر L. adds
15 اخر] ثانيا L. adds 16 قريب] L. omits 18 الحركة التي] الحركة .L 19 وانها]
فانه .L 19 نوع] بنوع .L 20 فبنوعين .L 21 بميله .L

بحال فلك البروج عند سطح معدل النهار فاما ان توهمنا ان القطعه التي فوق الارض BM 88b
من دايره نصف النهار مما يلي الاوج الى تحت الارض فيما بينهما مما يلي البعد الاقرب وان بعد
الافق الذي من الناحيتين جميعا البعد الاوسط وان ميل فلك البروج واحد بعينه لا يتغير END L 14b
فان حركه هذا الفلك المايل عن معدل النهار هي على اقطابه فان منتهى شمال هذا الفلك وهو
النقطه الصيفيه يكون احيانا على القطعه التي تلي الاوج واحيانا على التي تلي البعد الاقرب
واحيانا في البعد الذي من المشرق واحيانا في الذي من المغرب وكذلك ايضا منتهى
الجنوب وهو النقطه الشتويه وايضا فان النقطه الربيعيه التي هي عقده الراس يكون
احيانا في القطعه التي مما يلي الاوج واحيانا في التي تلي البعد الاقرب واحيانا في البعد
الذي يلي المشرق احيانا في الذي يلي المغرب وكذلك النقطه الخريفيه التي هي عقده الذنب
وعلى هذا النحو بعينه يمكننا ان نتوهم كل واحده من الحالات في الفلك المايل الذي L15a
يحيط بالارض كالفلك القمري اذا جعلنا الامر فيه مثل الذي ذكرنا انفا ومثل
هذا يعرض في الافلاك التي هي خارجه عن الارض مثل الذي يعرض لميل افلاك التداوير
وانا لا نحتاج اذا نحن اردنا ان ننتقل من الوجه الاول الى الوجه الثاني الذي
بعده ان نغير شيا اكثر من ان نجعل مكان معدل النهار فلك البروج ومكان الفلك
الذي يتحرك عليه الفلك المايل عن معدل النهار وهو فلك البروج الفلك الذي
يتحرك عليه فلك البروج ومكان فلك البروج نفسه الفلك المايل نفسه واما في
الوجه الثالث من وجوه الميل وهو الذي يكون خارجا عن الارض فان معدل النهار
يصير نظير الفلك التدوير الثابت والذي يغير الميل عن معدل النهار نظير الذي
يغير الميل عن فلك التدوير وفلك البروج نفسه نظير الفلك المايل نفسه واما
يختلف تغير الميل فيهما هذا الاختلاف الذي اقول فقط وهو انا نرى الافلاك
التي تحيط بالارض تعود مع عودات بعض ما يتحرك عليها من شمس او مركز فلك تدوير
او قمر او كوكب واما التي هي افلاك تداويرها فانها تعود مع عودات مراكز افلاك
التداوير لا مع عوده ما يتحرك عليها فهذه حال كل واحده من الاكر

فاما ترتيب وضع بعضها عند بعض فان فيه بعض الشك
الى هذه الغايه ان كره القمر هي اقرب الاكر الى الارض وان كره عطارد هي L15b
اقرب الى الارض من كره الزهره وان كره الزهره هي اقرب الى الارض من كره المريخ
وكره المريخ من كره المشتري وكره المشتري من كره زحل وكره زحل من كره الكواكب

---

2 منه] مما L. 3-10 لا يغير ... بعينه] L omits 12 يعرض] عرض L. 23 فهذه] وهذه L.
24 وضع] L omits 25 الغاية] واما L adds

الثابتة فانه يظهر ويتبين مما يرى من ستر الكواكب التي هي اقرب الى الارض الكواكب التي هي BM 89a
ابعد من الارض اذا كانت على خط مستقيم يخرج من البصر فاما ان اكر الخمسة الكواكب
المتحيرة ارفع من كرة الشمس او انها ارفع من كرة القمر وانها اخفض منها او ان بعضها
ارفع وبعضها اخفض فليس يمكننا ان نقول في ذلك عن يقين وذلك ان معرفة ابعاد
الكواكب الخمسة المتحيرة ليست في السهولة على مثل ما عليه معرفة ابعاد النيرين لان
النيرين يدل على ابعادهما اكثر الدلالة الاتصالات الكسوفية فاما الكواكب الخمسة
فليس ... عليها ذلك لانه يعرض لها عرض اخر يستوجب ان يوثق به في الدلالة على
اختلاف المنظر المظنون بها ولم نر شيئا منها ستر الشمس عنا الى وقتنا هذا وقد يمكن
الانسان بهذا السبب ان يتوهم ان اكر الخمسة الكواكب ارفع من كرة الشمس
اما فاما من كان غرضه وشهوته معرفة الحق فان ذلك لا يتبين له مما قلنا اولا فلان
ما كان في مثل هذا القدر من الصغر اذا ستر ما له هذا القدر من الكبر ومن الضوء ن L16a
الجرم الذي يكون محسوسا لقلة ما يستره ولحال الاجزاء التي تبقى مكشوفة من جرم الشمس
فان القمر اذا ستر بعض الشمس جزء منه مساو لقطر جرم كوكب من الكواكب او اعظم من
مقدار قطره فان ستره ما يستره منها غير محسوس وايضا فانه من الضرورة الا يعرض مثل
هذا العرض الا في الدهر الطويل وذلك ان اوجات افلاك التداوير وبعدها الاقرب
وهي التي اذا صارت الكواكب فيها قارنت الشمس فانما تصير في سطح فلك البروج مرتين
فقط في كل دورة يدورها فلك التدوير ويخالف عند حركته من ناحية الشمال الى
ناحية الجنوب ومن ناحية الجنوب الى ناحية الشمال فاذا كان لا بد مع ذلك من ان تكون
مراكز افلاك التداوير في مواضع العقد وان تكون الكواكب في العقد ايضا فان
تصير الكواكب الى تلك العقد في الاوج او في البعد الاقرب فانه يعرض من هذا ان يخفى
ذلك ايضا على الذين يستقصون امر الارصاد ويتفقدونها تفقدا شديدا لحال مقدار
الزمان الذي ينبغي ان تتم فيه عودات هذين جميعا اعني عودة فلك التدوير وعودة
الكواكب فلو اتفقت الاقترانات ان تكون دون الارض اما بهذا الضرب من التبيين
فليس بعد واجدا ان نحكم حكما يقينيا لا في هذين الكوكبين ولا في الكواكب المتفق
على انها فوق كرة الشمس اعني المريخ والمشتري وزحل ن فاما ان جعلنا لخصنا
عن ذلك من سبب ذلك احد من الابعاد الصغار الى كل واحد من الابعاد الكبار L16b
ومما يتهيأ ويستقيم في ترتيب الاكر ومما لا يتهيأ فيها جمعنا في كل واحد منها بين بعده

---

1 الارض الكواكب] الارض للكواكب .L 4 فليس يمكنا .L 4 في ذلك] ذلك .L
8 المنظور] المظنون .L 9 لهذا السبب .L 10 قلنا. اما اولا فلان .L 11-12 المقدار
من الكبر والضوء لزم ان لا .L 14 ان لا يعرض .L 15 وذلك ... الاقرب] L. omits
19 في العقد .L 20 او في البعد] والبعد .L 27 وما يتهيا ويستقيم في .L 27 ومما
لا] وما لا .L

BM 89b
مواضع الكره القريبه منا ... وبين اقرب مواضع الكره التي هي ابعد فانا نعلم ان كره عطارد
وكره الزهره فقط يستقيم ان يكون تحت كره الشمس واما سواهما فليس يستقيم ان يكون
كذلك فلانا قد بينا في كتاب السنطكسيس ان بعد القمر الاصغر يكون ثلثه وثلثين مره
بالمقدار الذي يكون به نصف قطر الارض واحدا وان بعده الاعظم يكون بهذا المقدار
اربعه وستين وذلك اذا اخرجنا الكسور والغيناها واخذنا ما يقرب منها الاعداد
التامه وايضا فان بعد الشمس الاصغر بهذا المقدار الف ومايه وستون وبعدها
الاكبر الف الف ومايتان وستون ونسبه بعد عطارد الاصغر الى بعده الاكبر كنسبه
الاربعه والثلثين الى الثمانيه والثمانين بالتقريب وصح لنا انه ان جمع ما بين بعد القمر الاعظم
وبعد عطارد الاصغر صار بعد عطارد الاكبر مايه وسته وستين بالمقدار الذي
يكون به الاصغر اربعه وستين وايضا فان نسبه بعد الزهره الاصغر الى بعدها الاكبر
كنسبه السته عشر الى المايه واربعه بالتقريب فهو بين انه اذا جمع ما بين بعد عطارد
الاكبر وبعد الزهره الاصغر صار بعد الزهره الاكبر الفا وتسعه وسبعين بالمقدار
الذي به يكون البعد الاصغر مايه وسته وستين فاذا كان بعد الشمس الاصغر L17a
هو هذه الالف والمايه والستون التي ذكرنا وكان هذا المقدار الذي من هذين
البعدين قد يخفى مثله ويذهب علينا في نفس وضعنا من البعد فان ما بين البعدين
اللذين ذكرنا لما كانا اقرب الى الارض من غيرهما استقام ان يقعا فيما بين كره
القمر وكره الشمس فاما الاكر الباقيه فليس يستقيم ذلك فيها وذلك انه لا يمكن
ان يقع فيما بين بعد الزهره الاعظم وبعد الشمس الاصغر كره المريخ التي هي اقرب الاكر
الباقيه الى الارض اذ كانت نسبه بعده الاعظم الى بعده الاصغر نسبه السبعه
الاضعاف بالتقريب وعلى وجه اخر اذا ان يعرض في الجمله ان يكون كلما
زدنا في بعد القمر ان ينقص بعد الشمس وبالعكس ايضا فانا اذا زدنا في بعد الشمس
الذي ذكرنا ولو زياده يسيره نقص بعد القمر الذي يلي بعد الزهره الاعظم ويتصل
به فالقول الذي يجب به ان تكون مراتب اكر الكواكب على ما ذكرنا ليس انما هو
من قبل نسب ابعادها فقط لكن ومن قبل اختلاف حركاتها ايضا فان الاشبه
والاولى ان يكون ما كان منها بعيدا من حال الشمس التي هي في الوسط من جميع
الجهات ابعد من الشمس مما ليس له بعد من جميع الجهات ولا بعد كثير من حال الشمس
ومن الاولى ايضا ان يكون كره عطارد متصله بكره القمر اذ كان يعرض لفلك عطارد L17b

---

2 واما... فليس] وان ما سواها ليس .L 2 يستقيم] يمكن .L 3 فلانا] فانا .L
3 مره] L. omits 5 وذلك لانا نحن .L 8 انه جمع .L 8-9 القمر... صار بعد] L. omits
11 اذا] ان .L 15 ما وضعنا .L 16 لما كانت 20 وجه اخر] جهة اخرى ايضا .L
20 اذا] اذ .L 21 وبالعكس .L 21 اذا] ان .L 22 القمر] الشمس .L 27 ومن الاولى .L

BM 90a والقمر الخارجي المركز من فقط ان تحرك مراكزهما على مثل حركة العالم وذلك خلاف حركة فلكي تدويرهما ويلزم ان يصير مركزا فلكي تدويرهما في الاوج وفي البعد الاقرب في الدورة مرتين فتكون الاجزاء القريبة من الهوي تحركه حركات كثيرة الانواع وتنشا كل في ذلك طبيعة العنصر المتصل بها فان الجزء القريب جدا من حركة الكل وهي كرة جميع الكواكب الثابتة تحرك حركة بسيطة مشاكلة لحركة الشيء المثبوت حولها من النفس وتدوم على ذلك ابدا فاما كم ابعاد الكواكب الثابتة الباقية على هذا الضرب الذي ذكرنا من اتصال اكرها بعضها من بعض ومن قياس نسبة ابعادها البعيدة والقريبة من الارض وبعضها الى بعض فليس فليس يتعذر علينا ان نتممه على مثل هذا السبيل الذي سلكنا اما على حسب النسبة التي جعلنا لبعدي المريخ احدهما الى الاخر وهي السبعة الاضعاف اذا جمعنا من بعده الاصغر وبعد الشمس الاعظم فانا نجد بعده الاعظم ثمانية الف وثمان مائة وعشرين بالمقدار الذي يكون به البعد الاصغر الفا ومائتين وستين ولان بعد المشتري الاصغر جعلت نسبته الى بعده الاعظم نسبة الثلثة والعشرين الى السبعة والثلاثين وانا اذا جمعنا ايضا بين بعده الاصغر وبعد المريخ الاعظم صار بعد المشتري الاعظم اربعة عشر L18a الفا ومائة وسبعة وثمانين بالمقدار الذي به يكون بعده الاصغر ثمانية الاف وثمان مائة وعشرين وكذلك ايضا اذا كانت قد جعلت نسبة بعد زحل الاصغر الى بعده الاعظم نسبة الخمسة الى السبعة فانا اذا جمعنا من بعده الاصغر وبعد المشتري الاعظم صار بعد زحل الاعظم الذي هو متصل بكرة الكواكب الثابتة تسعة عشر الف وثمان مائة وخمسة وستين بالمقدار الذي به يكون البعد الاصغر اربعة عشر الفا ومائة وسبعة وثمانين في جملة الفلك اذا كان نصف قطر البسيط الكري الذي يحيط بالارض والماء واحدا كان نصف قطر البسيط الكري الذي يحيط بالهواء والنار بهذا المقدار بثلاثة وستين ونصف قطر البسيط الذي يحيط بكرة القمر اربعة وستين ونصف قطر البسيط الذي يحيط بكرة عطارد مائة وستة وستين ونصف قطر البسيط الذي يحيط بكرة الزهرة الفا وتسعة وسبعين ونصف قطر البسيط الذي يحيط بكرة الشمس الفا ومائتين وستين ونصف قطر البسيط الذي يحيط بكرة المريخ ثمانية الاف وثمان مائة وعشرون ونصف قطر البسيط الذي يحيط بكرة المشتري اربعة عشر الف ومائة وسبعة وثمانين ونصف قطر

---

2 مركزا] مراكز .L 2 تدويرهما] فيلزم ... تدويرهما L. repeats 3 في] كل L. adds
3 الهوا .L 3 كثيرة الانواع .L 5 من النفس] L. omits 6 الثابته] الثلثه .L 7 من
قبل قياس ونسبه .L 8 فليس فليس] فليس .L 11 الاعظم] بعينه L. adds
12 الف .L 14 ايضا بين .L 16 وكذلك] وكذا .L 22 بهذا المقدار .L 22 وستين]
وثلثين .L 25 بكرة الزهرة الشمس .L

BM 90b L18b

البسيط الذي يحيط بكرة زحل تسعة عشر الفا وثمان مايه وخمسه وستين ولكن نصف
قطر البسيط الذي يحيط بالارض والماء يكون ربوتين من الاسطاذيا ونصف وثلث
وجزء من ثلاثين من ربوه اسطاذيا فليكن الربوه ٦٦ ربوه اسطاذيا فيكون بعد الحد الذي
يفصل ما بين كرة النار وكرة القمر اربعه وسبعين ربوه من اسطاذيا ونصف وعشر
ربوه اسطاذيا وبعد الحد الذي يفصل ما بين كرة القمر وكرة عطارد مايه وثلاثا ولبس
ربوه وثلثا وعشر وجزء من ثلثين من ربوه اسطاذيا وبعد الحد الذي يفصل ما بين كرة
عطارد وكرة الزهره اربعمايه وخمس وسبعون ربوه ونصفا وثلثا وجزءا من ثلاثين من ربوه
اسطاذيا وبعد الحد الذي يفصل ما بين كرة الزهره وكرة الشمس بلغنا الف وثلثه وسبعين
ربوه وعشر ربوه وجزءا من ثلاثين من ربوه اسطاذيا وبعد الحد الذي يفصل ما بين
كرة الشمس وكرة المريخ بلغنا الاف ستمايه واثنى عشر ربوه وبعد الحد الذي يفصل ما
بين كرة المريخ وكرة المشتري ربوتي ربوه وخمس الاف ربوه ومايتي ربوه واربعه وثمانين ربوه
من اسطاذيا وبعد الحد الذي يفصل ما بين كرة المشتري وكرة زحل اربع ربوات الربوات
واربعه الاف ربوه وتسع مايه وتسعا وتسعين وثلثا وجزءا من ثلاثين من ربوه اسطاذيا
وبعد الحد الذي يفصل ما بين كرة زحل وكرة الكواكب الثابته خمس ربوات لربوات وسته L19a
الاف وسبع مايه وستا واربعين وثلث اسطاذيا ن فان كان الامر على ما قلنا
من انه ليس فيما بين الابعاد الكبار والصغار والبسيطات التي تفصل الاكر بعضها
من بعض اختلاف او فضا له قدر وهذا هو اشبه الامور لانه لا يجوز ان يكون
في طباع الاشيا خلل كبير وشي لا يستعمل ولا معنى له فان ابعاد الاكر هي التي ذكرنا
وهي تليق بما برهناه فيما سلف فاما ان كان فيما بينها بعد او فضا فانه بين ان الابعاد
التي ذكرنا على كل حال ليست باقل مما قلنا وقد يمكن ان نقايس اقطار اجرام الكواكب
بعضها الى بعض قياسا عاما لما يرى ويظهر من رويه اقطارها وحالها في انفسها
ومساحه اجرامها التي يعلم من الابعاد التي ذكرنا اذا سلك الانسان هذه السبيل
التي اصف ن قال ابرخس ان قطر الشمس في الرويه يعد قطر
اصغر الكواكب ثلاثين مره ويعد قطر اعظم الكواكب في الرويه وهو كوكب الزهره
عشر مرات بالتقريب فان اقطار ما نرى منها ليس تغادر رويه اقطارها الحقيقيه
بشي محسوس وهذا القول الذي قاله ابرخس على عظم اجرام الكواكب التي
لا يمكن ان يكون اقل منه واستعمل مع ذلك بعدا عاما تكون نسبة الارض اليه

---

1 البسيط] L omits 2 الاسطاذي .L 3 ثماني عشره ربوه .L 4 نفصل ما بين .L
5 وملبس] وثمانين .L 7 وجزو من ثلثين] L repeats 11 واربعه وثمنين .L
13 وسبع مايه وتسعة وستين .L 25 ليست تغادر .L 25 الحقيقه .L

BM 91[a] L19[b]

منزله النقطه اما ابرخس فلم يبن علينا اي بعد من ابعاد كوكب الزهره يكون مقدارها هذا المقدار الذي ذكرنا واما نحن فانا حصلنا ذلك في البعد الاوسط من جميع الابعاد حيث نرصد كثيرا اقطارها التي نري ونقيسه لانا لو حجبنا اقدارها ماخوذه وهي في الاوج او في بعدها الاقرب لما كان عن شكوك فيه لمكان شعاع الشمس وسنوها يحضر خبرا في ذلك فقطر كوكب الزهره ناقص من قطر الشمس بمقدار العشر كما قال ابرخس ونجد قطر كوكب المشتري ناقص من قطر الشمس نصف سدسه واما كوكب عطارد فجزءا من خمسه عشر جزءا من قطر الشمس واما قطر زحل فجزءا من ثمانيه عشر من قطر الشمس واما قطر المريخ واقطار الكواكب التي في العظم الاول اعني الثابته فجزء من عشرين جزءا من قطر الشمس واما قطر القمر اذا كان في بعده الاوسط من بيننا مع بعده الاوسط الاخر الذي في الفلك الخارج المركز فانه يكون مثل قطر الشمس نحو مره وثلث ولكن لو كانت الاقطار كلها توتر ابدا زاويه واحده فيما يظهر للرويه اذا كانت في ابعادها الوسطى لكانت نسب اقطارها بعضها الى بعض كنسب ابعادها الوسطى بعضها الى بعض لا نسب الخطوط المحيطه بالدوائر بعضها الى بعض انصاف اقطارها التي هي هذه الابعاد كنسب قسيها المتشابهه بعضها الى بعض فبالمقدار الذي يكون به قطر الشمس الفا ومائتين وعشرين يكون قطر القمر ثمانيه واربعين وقطر عطارد مايه وخمسه عشر وقطر الزهره ستمايه واثنين وعشرين ونصفا وقطر المريخ خمسه الاف واربعين وقطر L20[a] المشتري احد عشر الفا وخمسمايه واربعه وقطر زحل سبعه عشر الفا وسته وعشرين وقطر الكواكب الثابته التي في العظم الاول ان كانت مماسه لابعد بعد زحل تسعه عشر الفا وثماني مايه وخمسه وستين وتكون عشرين الفا تامه واما ان لم تكن مماسه فليس هذا القطر باقل من عشرين الفا ولكن لان اقطارها لا توتر زوايا متساويه للزوايا التي يوترها قطر الشمس لكن قطر القمر يوتر زاويه تكون مره وثلث مثلها واقطار الكواكب توتر الاجزاء التي ذكرنا من هذه الزوايا وهو بين ان بالمقدار الذي يكون به قطر الشمس الفا ومايتين وعشرين يكون قطر القمر اربعه وستين لانها مره وثلث مثل الثمانيه والاربعين وقطر عطارد ثمانيه لانها جزء من خمسه عشر من المايه والخمسه عشر بالتقريب وقطر الزهره اثنين وستين التي هي عشر ستمايه واثنين وعشرين ونصف بالتقريب وقطر المريخ مايتين واثنين وخمسين التي

---

1 بمنزله L 1 واما L ما ونجد] وبجد L. 8-9 والكواكب الثابته التي في العظم الاول L. 9 عشرين من L. 13 لا نسب] لان نسب L. 14 انصاف اقطارها] L. omits 15 به] له L. 22 تدويرها] توترها L. 24 الشمس ... قطر] L. omits 27 ستمايه واثنين L.

التي هي جز من عشرين من خمسه الاف اربعين. وقطر المشتري تسع مايه وتسعه BM 91b
وخمسون التي هي نصف سدس احد عشر الفا وخمس مايه واربعه بالتقريب وقطر
زحل تسع مايه وسته واربعون التي هي جز من ثمانيه عشر من تسعه عشر الفا والسته
والعشرين بالتقريب واقطار الكواكب الثابته التي في العظم الاول اما ان تكون L20b
الفا التي هي جز من عشرين من العشرين الف واما ان لا يكون اقل من الالف فقد بيناه
في كتاب البيطلكسيس وقلنا ان قطر الشمس يكون خمسه ونصفا بالمقدار الذي يكون
به قطر الارض واحدا وهذه الخمسه والنصف يكون من الالف والمايتين والعشرين ه
جزا مايتين وعشرين فان نحن اخذنا من الاعداد التي وضعناها هذا المقدار وجدنا ان
قطر الارض اذا كان واحدا كان قطر القمر ربع ذلك الواحد وجزا من اربعه
وعشرين وقطر عطارد جزا من سبعه وعشرين جزا وقطر الزهره ربعا وجزا من عشرين
وقطر الشمس خمسه ونصفا وقطر المريخ واحدا وسبعا وقطر المشتري اربعه وثلثا
وجزا من اربعين وقطر زحل اربعه وربعا وجزا من عشرين واقطار الكواكب
الثابته التي في العظم الاول اما ان تكون اربعه ونصفا وجزا من عشرين واما
الا تكون اقل من ذلك وبالمقدار الذي يكون به عظم جرم الارض واحدا يكون به
عظم جرم القمر جزا من اربعين وعظم جرم عطارد جزا من تسعه عشر الفا وستمايه وثلثه
وثمانين جزا وعظم جرم الزهره جزا من اربعه واربعين وعظم جرم الشمس مايه وسته L21a
وستين وثلثا وعظم جرم المريخ واحدا ونصف واحد وعظم جرم المشتري
اثنين وثمانين ونصفا وربعا وجزا من عشرين وعظم جرم زحل تسعه وسبعين ونصفا
وعظم اجرام الكواكب الثابته التي في العظم الاول اما ان يكون اربعه وتسعين
وسدسا وثمنا واما ان لا يكون اقل من ذلك فيكون جرم الشمس على حسب ما وصفنا
اعظم من كل جرم في العالم وبعده في العظم اجرام الكواكب الثابته التي في العظم
الاول وبعدها في مرتبه ثالثه جرم المشتري وفي مرتبه رابعه جرم زحل وفي
مرتبه خامسه جرم المريخ وفي مرتبه سادسه جرم الارض وفي مرتبه سابعه
جرم الزهره وفي مرتبه ثامنه جرم القمر واخرها جرم عطارد. ونستثني هاهنا
ايضا فنقول انه ان كانت ابعادها على ما ذكرنا فان عظم اجرامها يكون
على ما قلنا ايضا وان كانت ابعادها اعظم مما وصفنا اذ كان لا يمكن ان
يكون اقل مما قلنا فان عظم اجرامها ايضا اكثر مما قلنا وان ابعادها

---

5 الف] الالف .L 6 وقلنا] L. omits 10 وعشرين] سنه L. adds 16 الزهره ... جرم] L. omits 17 المريخ ... جرم] L. omits 22 وفي رتبه رابعه .L 26 ايضا] L. omits 27 فان عظم ... قلنا] L. omits

ان كانت على ما حددنا فانه يكون اختلاف منظر الكوكب عطارد وكوكب الزهرة وكوكب BM 92a
المريخ اما المريخ فيكون له اختلاف منظر وهو في بعده الاقرب مثل الذي يكون L21b
للشمس وهي في بعدها الابعد واما الزهرة فيكون لها اختلاف ثم وهي في بعدها الابعد
قريبا مما يكون للشمس وهي في بعدها الاقرب واما عطارد فيكون له اختلاف منظر
وهو في بعده الاقرب مثل الذي يكون للقمر وهو في بعده الابعد واختلاف منظر الزهرة
وهي في بعدها الاقرب فان نسبة كل واحد منهما الى اختلاف منظر القمر واختلاف
منظر الشمس كنسبة بعدها الذي ذكرنا الى كل واحد من بعدي الشمس والقمر
فاول ظهور الكواكب وغيبوبتها تحت شعاع الشمس اذا كانت الكواكب على الافق وهي
تطلع او تغرب وكانت الشمس تحت الافق وكان بينهما وسط قوس من الدائرة العظمى
التي تخط على مركز الشمس وعلى نقطة سمت الراس اما في الكواكب الثابتة التي في العظم
الاول ما كان منها يلي فلك البروج خمسة عشر جزءا بالتقريب واما في زحل فثلثة عشر
جزءا بالتقريب واما في المشتري فتسعة اجزاء واما في المريخ فاربعة عشر جزءا ونصف
واما في الزهرة في غروبها بالغدوات وفي طلوعها بالعشيات فسبعة اجزاء وفي غروبها END L 21b/L25a
بالعشيات وطلوعها بالغدوات خمسة اجزاء واما في عطارد فاثنا عشر جزءا واما
ظهور الكواكب التي يمكن ان تبعد عن الشمس البعد كله اذا كانت في مقابلة الشمس
فانه يكون على بعد من الشمس تحت الارض ينقص عن القوس التي حددنا مقدار النصف
منها بالتقريب والاختلاف الذي يعرض للشمس انما عرض في الزهرة دون سائر
الكواكب لان الثلثة الكواكب اعني المشتري والمريخ وزحل انما تخفى وتظهر
تحت الشمس اذا كانت في موضع بعدها الابعد من فلك التدوير فقط واما
عطارد فانه انما يخفى ويظهر اكثر ذلك اذا كان فيما يلي بعده الاوسط لانه انما
يظهر اذا كان بعده من الشمس بعدا كثيرا اكثر من الابعاد التي تكون له اذا كان
فيما يلي الاوج او البعد الاقرب ومن اجل ذلك ربما بطل بعض ظهوراته
وغيبوباته واما الزهرة فانها تخفى وتظهر اذا كانت في بعدها الابعد واذا
كانت في بعدها الاقرب فيكون اختلاف عظمها الذي يظهر لها من اجل
ذلك سببا لاختلاف الابعاد التي عليها يجب ان تكون اوقات غيبوبتها وظهورها
واما السبب الذي من اجله صار ما يظهر للنظر ويخيل الينا من عظم جرمها L25b
ليس على حسب ابعادها فينبغي لنا ان نعلم انه الغلط الذي يدخل في

3 اختلافه منظر .L 5 الابعد] واما اختلاف منظر عطارد وهو في بعده الابعد L adds.
13 واما الزهرة .L 19 تحت] من تحت شعاع .L 27 على مثل نسب .L

BM 92[b]

البصر من قبل اختلاف المناظر ونبين اختلاف ذلك في جميع ما يظهر ويرى على بعد
كثير فيما ان الابعاد انفسها لا تكون كميتها معلومه فيما تظهر للعين ولا التفاضل
فيما بين الاشيا المختلفه الاقدار منها تسلم على التناسب التي هي عليه جمع البصر وقبضه
اياه سعته ليطلى ما هو اشد الدايم لمعاصبها الدايم ولذلك ترى كل واحد
من الكواكب قريبا منا اكثر من حال حقيقته لانحطاط البصر الى الابعاد التي قد
اعتادها والفها فيما بيننا كذلك الحال في الزيادات والنقصانات التي تعرض
للعظم بحسب زياده الابعاد ونقصانها فانها تكون اقل من النسبه كالحال
في الابعاد لعجز البصر كما قلنا عن تمييز وادراك اقدار كميته تفاضل
كل نوع مما ذكرنا . ن

تمت المقاله الاولى من اقتصاص
بطلميوس القلوذي والواهب
العقل الحمد دايما لا رب غيره
ولا معبود سواه
قوبلت بالاصل حسب الاجتهاد

---

2 فيما .L 3 فيما بين] ما بين .L 3 جمع] لجمع .L 4 بقبضه] بقبضه .L 4 ماهو] له L. adds
4 ان ... الدايم] L. omits 5 اكثر] اكر .L 6 فيما بيننا] L. omits 7 اقل] انقص .L
7 النسبه] التي هي لها L. adds 8 اقدار] L. omits 10-14 تمت المقالة من كتاب
بطلميوس القلوذي في اقتصاص جمل حال الكواكب المتحيرة .L

BM 93[a] L26[a]

بسم الله الرحمن الرحيم ثقتي بالله وحده

H 111 المقالة الثانية من كتاب بطلميوس في الهيئة المسمى بالاقتصاص

قال بطلميوس اما ما يتركب من تشكل حركات الفلكية بالارصاد التي كانت الى وقتنا هذا فقد وصفنا اكثره ولهذا اذ قد استجلنا الشاذات في حركاتها ومراتب وضعها بنوع بسيط في الافلاك العظام التي ترسمها الحركاتها فقد بقي ان نصف اشكال الاجسام التي فيها ترسم تلك الافلاك ونتبع في ذلك ما يليق بطبيعة الاجسام الفلكية ويلزم الاوائل التي تشاكل الجوهر الباقي على حال واحدة دايما واما احصا ارا القدما واقاويلهم في هذه الاشيا وتصحيح ما نظهر فيها من الخطا فليس من شاننا وذلك ان هذه اشيا قد وضعت لمن رام ان يقيس الاشيا التي انما توضع وضعا فقط بالاشيا التي هي حقيقة وبما يصح وحيث اذا لزم السبيل التي سلكنا في الحركات الدايمة المستديرة فاما حالات الاجسام التي يكون فيها ما ذكرنا وكيف هي بعضها عند بعض فانا نرى وان نضع ذلك هاهنا من بعد ان نتقدم و اولا نبين الاعراض الكلية التي تعرض لها عامة على الجهة الطبيعية والجهة التعليمية

H 112 والقياس الطبيعي يودينا الى ان نقول ان الجثة الاثيرية لا تقبل الانفعال ولا تتغير وان كانت مختلفة في الزمان كله على حسب ما يليق بجوهرها العجيب وتشاكل قوة الكواكب التي فيها التي تتقد ضيا وها نودي ايضا في جميع هذه الاشيا المبثوثة حولها بلا منع ولا انفعال وذلك نتفقد ما فينا مما يجانسها مثل البصر والفهم ويودينا ايضا الى القول بان الاجسام الاثيرية لا تتغير ما قد قلنا من ان كلها مستديرة وان افعالها افعال اشيا متشابهة الاجزا ولكل حركة من هذه الحركات المختلفة في الكمية او في النوع جسم يتحرك على اقطاب وفي حيز ومكان خاص له حركة ارادية وعلى حسب قوة كل واحد من الكواكب التي منها يكون ابتدا الحركة التي تنبعث عن القوى الرئيسة التي هي مثل القوى التي فينا وتحرك الاجسام المجانسة لها التي هي شبه باجزا الحيوان الكلي على قدر النسب التي تليق بكل واحد منها ويكون ذلك فيها بلا قهر ولا ضرورة تلزمها من خارج وذلك انه لا يكون شي اقوى مما لا يقبل الانفعال فيقهره ولا يكون ذلك ايضا لحال وزن طبيعي وحركة غير نفسانية مثل ما يعرض للاجسام التي تعلو والتي تهبط لحال حركتها الطبيعية اما اولا فلان هذه الحركات ليست للاجسام التي تتحرك بها بالطبيعة L26[b]

2-3 من كتاب ... بطلميوس] هذا الكتاب .L 4 الكثره .L 10 فقط] اسانا L adds
10 لزم السبيل .L 17 مما] من مما .L 22 عن] L omits 23 هي شبه ... التي]
L omits 25 ذلك فيها ايضا .L

لكن كل واحد منها يلبث ويسكن اذا صار في شي مشاكل له فاذا انتقل الى شي لا يشاكله BM 93b
H 113 ولا يشاكله وارتفعت الموانع مال الى موضعه الخاص به ن وايضا فان هذا الجوهر L27a
الموضوع كله اذا كان متنفسا فانه قد سلم من هذه الحركة الجسمانية وهي النوع الذي
يكون على استقامة وسوع تغيير وبلبث فيه للحركة المستديرة المستوية محضا نفسه
بارادة مطلقة لا مانع لها على ما نشبهه ونلحق بالعمل البحث الارادة التي لا تمنع ولا يعرض
فيها تنقل الراي وتغييره وهي حركة على ترتيب تكون في الثلث الجهات المتباينة
على التضاد فاما القياس التعليمي فانه لما استعمل فيهن الاشيا التي وصفنا وقرن
اليها ما يظهر لنا من كل واحد من الحركات وجد ذلك منبها على نوعين من انواع
الاختلافات الاول احدهما ان يقترن لكل حركة كرة تامة اما مجوفة مثل الاكر التي يحيط
بعضها ببعض او بالارض او مصمتة غير مجوفة مثل التي لا يحيط بشي محدود على حدته
وهي التي تحرك الكواكب وتسمى افلاك التداوير والنوع الاخر الا يقرن لكل واحدة من
الحركات كرة تامة لكن قطعة من كرة فقط وتكون تلك القطعة عن جنبتي الدائرة
العظمى من الدواير التي تكون في تلك الكرة وهي التي تكون منها حركة الطول ويكون
ما تكونه هذه القطعة من الجانبين بمقدار العرض حتى يكون شكل هذه القطعة اذا
كانت من فلك تدوير شبيها بالدف واذا كانت من الاكر المجوفة فشبيها بنطاق L27b
او بسوار او بفلكة كما قال افلاطون والنظر التعليمي يدل على انه ليس بين هذين
النوعين اللذين وصفنا اختلاف وذلك ان الحركات التي وصفت في كل كرة
H 114 تامة اذا الفت هذا التاليف وقيست بحركات المنشورات التي ذكرنا على
ان الحركات متشابهة امكننا ان نلزم فيما يظهر منها امرا واحدا بعينه
واما الذين جعلوا ابتدا قياسهم من الحركات الكرية التي تكون عندنا فانهم قد
قاسوا قياسا طبيعيا في وضع الاكر التامة وذلك انهم راوا فيما يظهر
عندنا من الاكر ان الحركات الكرية يكون فيها نقطتان ممسكتان للكرة اضطرارا
وهما اللتان يسميان قطبين وتوهم ذلك في الموضع الذي للمنشورات عسر
واما في الاكر التامة فيسهل فركنوا الى القول بذلك كما فعل ارسطاطاليس
الفاضل حتى يكون اقطاب الاكر التي تحاط بها ثابتة على الاكر المحيطة ثم لما لم يتوهموا
من الاتصال بين الاكر الداخلة وبين الكرة الخارجة الاولى ولم تكن حركة
الاكر كلها متساوية السرعة لكن مختلفة اختلافات شتى اضطروا

---

1 واحد منها تثبته .L 1 لا يشبهه ولا .L 2 الجواهر .L 3 النوع الذى] التى .L 11 ان لا يقرن لكل .L 13 منها] فيها .L 16 افلاطون .L 21-22 فيما يعمل عندنا .L 22 ممسكتان .L

الى طلب معرفة الوجه الذي به يتحرك كل واحد من الكواكب بالحركة الاولى كما نراه ويظهر لنا BM 94a
اذ كانت الاكر التي فيما بيننا وبينها مخالفة في وضعها وفي حركتها ولذلك استعمل ارسطاطاليس END L 27b / L22a
الحركات التي تكون سيما بالالتفاف ولكن ليس ينبغي لنا ان ننسب الى الجسم الاثيري الاشيا
التي يضطر اليها في صنعها فيما بيننا من الاجسام ولا ان نتوهم الشي المانع للاشيا التي تكون عندنا
وفيه تمنع مثله الطبيعة الفلكية المخالفة لها كل الخلاف في الجوهر والفعل جميعا وايضا فان
H 115 الاقطاب التي عندنا لا نجدها هي السبب الاول في حركة الاستدارة وذلك انه يستقيم ان
تحرك الكرة بنوع اخر مثل الاكر التي بحجر ولا تستند ايضا على شي واحد بعينه من الاشيا
التي خارج والاقطاب لا تفعل حركة الاستدارة في الموضع الخاص لها وانما تحمل ثقل الكرة فقط
ولا تلك النقطة هي سبب ابتدا الحركة وذلك انه لا يمكن ان تكون سبب الحركة شي ثابتا بل
السبب انما هو شي يجري هذه النقط فان نحن توهمنا اشيا كرية لا تتحرك ولا تنتقل بالطبيعة
او شي يحيط بها مثل هذه الطبيعة فانا لا نحتاج عند ذلك الى اقطاب ايضا لا في ان تحرك
الكرة ولا في ان تدور وترجع الى مكان واحد بعينه وايضا فان لكن ان كان لها ابتدا الحركة
من ذاتها فالقول بانها تستند على شي اخر وليس ذلك لشي في وسطها قول ينبغي ان يضحك
منه وذلك مثل الحال في حركة كل العالم كله وذلك ان الوسط هاهنا هو الابتدا والوسط L22
اما وسط فلانه وسط الجوهر واليه وله تكون الحركة واما ابتدا فلانه ابتدا هذه
الحركة التي هي ابدا دايمة مستديرة والشي الذي منه يكون وذلك ان العلة في هذين
جميعا هو ان القوة المحركة غير متغيرة وهي واحدة بعينها وليس هذا فقط لكن وان ابعاد
التي تكون في الجهات التي تصير اليها الاشيا متساوية مثل الاشيا المعلقة فانها تفعل
في استوا الميل فعلا واحدا اذا كان بعدها من المواضع التي تهوي اليها بعدا واحدا
وبالجملة انه ان كان يعسر ان يتوهم ان الحركة الفلكية ليست على اقطاب ثابتة فاخلق
H 116 به ان يكون توهم ماهية تلك الاقطاب اعسر كثيرا وكيف يكون هذه الاقطاب ارتباط
بسيط اعماق الاكر التي تتصل بها من خارج تحدث بالاكر الداخلة وباي شي تشارك هذه
الاقطاب كل واحد منها فانا ان جعلناها نقطا كنا قد ربطنا الاجسام باشيا ليست
باجسام وكنا قد جمعنا هذه الاشيا التي لها هذا العظم كله والقوة بشي ليس له عظم ولا هو
بشي وان نحن جعلناها اجساما وكانت هذه الاجسام تشبه عقد الخشب الثابتة او
تشبه التواليل التي تكون عندنا وكانت غير مخالفة ولا مضادة للاشيا المبثوثة حولها
التي نراها لم يمكن لنا سبيل الى ان ننسب هذه الخواص التي فيها الى طبيعة ما وان

---

2 التى فيها بيننا .L 2 بينها end L. 27b 2 مختلفه L. 22a 2 وفي حركتها .L 9 النقط .L
10 السببه ابدا شى اخر غير .L 11 ذلك] ايضا L. adds 11 ايضا] L. omits 14 الابتدا .L
15 واليه وحوله .L 16 هي دايمة .L 17 المتحركة .L 22 تحد به .L 23 ربطنا الاجسام .L
24 بشي] بجمعها L. adds 26 مخالفه ولا معادة للاشيا .L 26-27 حولها لم نكن .L

كانت مخالفة لما حولها مثل الخاشنة التي تكون في العقد التي في الخشب فاما عند BM 94b L23a
ذلك الجبد بدا من ان شي منها الثابت في كثير من الاجسام التي هي اشد تكاثفا
هي ما احبط اكثر من الاجسام التي هي اشد تخلخلا وقوى اليه وسط العالم والكواكب
ان كانت متنفسة وكانت تتحرك حركة ارادية وهذه الحركة الارادية التي هي ليست ايضا
في ان يكون للطير من اجناس الحيوان قوة يتحرك بها وهو في الهواء ويخالف ما حوله في
الحالات فانه لا ينبغي ان يظن بالكواكب انها تخالف ما حولها من الاشياء المخالفة لكن
انها تخالف بالقوة التي تحفظ فيها الضيا كان السحاب ايضا يخالف الجو الذي حوله ما
دام يابسا باللون فقط وكما تخالف الرطوبات المصبوغة غيرها مما ليس بمصبوغ في
الحالات اذا كانت تلك الرطوبات تشبه بعضها بعضا في الكثافة وان نحن اطلقنا
H 117 هو ان الاقطاب يمكن ان تثبت فان لا نحو تربط تلك الاقطاب من الاوتار المربوطين
فانه لا يمكن ان ترتبط بها جميعا حال الحركة وان ارتبطت بواحد فلم صارت ترتبط
بها دون ان ترتبط بالاخرى واي شي من الاقطاب بها تحرك الكرة التي هي فيها مرابطه
فانه يقع في هذه العجايب وصاحب العلم الطبيعي ان قال ان سبب ثبات الاجسام
التي تتحرك هو انصداد النوع الاول عن جذبها او النوع الاخر يجري في ذلك فوق ولا END L 23a / L24b
خلاف اعني انه ان قال ان سبب ذلك هو الاكر او القطع التي فيها فيما بينها لم يقع
من قبل ذلك فرق ولا اختلاف كما انه لا يكون الخلاف ايضا من قبل ان بعضها مجوف
دون بعض وبعضها غير مجوف ولصاحب العلم الطبيعي ان يقول ايضا ان ان ا د
نوع الحركة التي تكون شبه الفلك او ما الدفوف الاسباب كثيرة اما اولا فلان لا
يكون لما في السماء حركات كثيرة كحال الاكر التي يدير بعضها بعضا اذ كان ذلك قد يمكن
ان نتوهم حركات قليلة وذلك ان جميع الاجسام الكرية في النوع الذي نحن مشيرون ات
يكون فيه الحركة التي تكون باستداره مثل حركة الاثير الذي يكون بالحركة الاولى اذا
لم يكن شي مانع مزح للحتى انها في كل حال يديرها دورها وبما لها من القوة على حركاتها
الخاصية لها مثل ما يكون في الاشيا التي تحرك بحركة واحدة وتخالف جميع الحركات
خلافا شتى او مثل الاشيا التي تسبح في الانهار الجارية ايضا فانه خليق ان يظن انه قد
H 118 جعل في الطبع شي لا معنى له ولا يحتاج اليه وهو الاكر التامة في الحركات التي تجري
ان يكون في جزء قليل منها كان يكون ذلك فيها مثل ما هو في الحرز التي تحرك عليها الكواكب L28a
اعني كرة الكواكب الثابتة التي تنحط في الفول فيها بذلك الحال ما يقع تحت البصر

---

3 التى اشد .L 4 وان كانت .L 4 الارادية هى .L 12 مما] ما من .L 12 التى فيها .L 15 خلاف] اختلاف .L 18 يكون] فى قطع L. adds 18 والدفوف .L 20 جميع] قطع L. adds 20 تمر] L. omits 21 باستداره . . . يكون] L. omits 22 وبما لها من] وبمهل لها .L 23 بحركة واحدة .L 24 انها] انهار .L 26 تحرك] بخاصيتها L. adds 26 كواكبها .L 27 فيها بذلك] بذلك فيها .L

من امرهما ماليس مضطرا الى ذلك في جوهرها ومثل هذا السبب راينا انه من الواجب BM 95[a]
ان يكون كوكب عطارد والزهرة موضوعين فوق الشمس لكن فيما بين الشمس والقمر
لئلا يكون هذا الفضا الكبير جدا كما نظنه كذلك تبين من ابعادها خاليا مثل شي زمجنه
الطبيعه ورفضته فلم تستعمله ولا امكان لقبول بعدي هذين الكوكبين اللذين
ذكرنا انهما اقرب الى الارض من غيرهما حتى ان ذلك ايضا تملي منهما وحدهما ويكون و
هذه الاستحاله والتشابه بينها في بعض وضع الكواكب بعضها على بعض سوى ما يكون و
من اوساطها في كثرة العدد وذلك انها تاخذ من الاكثر ايضا كثيرا وليس يحتاج اليها في
الحركات التي يظهر للكواكب لكن انما تندفع معا الى ناحيه واحده حتى يكون منها حركه واحده
والعجب ماهاهنا تصييرهم الاكر الاخر محركه للاكر الاول والاكر التي يحيط بها محركه
للمحيطه بها والاكر الكثيرة الاختلاف للكرة البسيطه على خلاف المذهب الطبيعي وايضا
فان كل واحد من الاكر يكون عنها حركات جميع الاكر التي فوقها مع حركتها الخاصيه L28[b]
لها فيتحرك حركات ليست الخاصه لها فقط لكن والعرضيه التي ليست لها فاي شي تمنع
H 119 ان الحركات المشتري من الخاصه لحركه زحل ... من ذلك يعد الحركه القمر لحركه زحل
من الخاصيه فانه ايضا فانا لا نجد حيله في وجود القوه التي تحرك الكره الاولى من الاكر
التي يلتف ويلتف بعضها ببعض في هيه تحلل الاكر وذلك ان ابتدا الاكر الحركه الكاينه
من الكواكب يمتد باتصال فيتحرك بعد ما يكون من الاشيا المناسبه له من خارج ولا
تصل اول ما تحت الكواكب من الاكر التي يطيف بعضها ببعض وان كان مماسا للاخر الاكر
التي تطيف بها من فوقها فليس يوافق ذلك في حركتها بمثل الحركه الاولى شيا بل الامر
على خلاف ذلك لانها تتحرك عنها على انه ليس لهذه ايضا سبب به يكون ابتدا للحركه
اذ كان ذلك غير موجود للاكر التي تطيف بها وان توهم متوهم ان الارض من قبل
الهوي والنار يتحركان معها دوران ما يحيط بهما ويضطرهما الى الحركه وجعل ما
يشاهد من الطاير مثالا لحركه ما في السما خليق الا يكون ما اشكل من ذلك منكرا
فان الطاير مما عندنا من الحيوان اذا تحرك حركته الخاصيه له كان ابتدا
تلك الحركه من القوه النفسانيه التي فيه ثم تحدث عن هذه القوه الانبعاث ثم يصير
ذلك الى العصب ثم من العصب الى الرجلين في المثل او الى اليدين او الاجنحه L29[a]
وعند ذلك ينتهي ويقف اعطا منه الاشيا بعضها لبعض وليس يوافق حركتها
H 120 الخاصه لها الا الاشيا التي فيما بينها ولا هي ايضا توافق حركات ما يحيط بها وليس

---

2 ان لا يكون .L 3 شي] قد L. adds 5 يمتلي .L 6 بعض] L. omits 13 بعدا ما
لحركة .L 15 في تهيئة .L 15 ابتدا الحركة الكاين .L 18 فوقها] فوق .L 19 ابتدا]
هذه L. adds 20 مركز] L. omits 21 والنار] L. omits 22 ان لا يكون .L 24 القوه
السياسيه .L 24 يصير] بعد L. adds 25 الرجلين .L 25 اليدين او .L 27 لها لا .L

شي يوجب ان يكون حركات الطاير كلّه او اكثره على ماسه منه بعضه لبعض بل الاضطرار BM 95b
في ان لا يماس البته ان اردنا الا يكون بعضه مانعا لبعض وكذلك ينبغي ان نتوهم الامر
في الحيوان الفلكي وان نرى ان كل واحد من الكواكب له مرتبة له قوى نفسانية وانه يحرك
ذاته ويعطي الاجسام المتصلة به بالطبع حركة ابتدايها مما يقرب منه ومصيرها الى ما
يليه مثل اعطايه الحركة اولا لفلك التدوير ثم للفلك الخارج المركز ثم للفلك الذي
مركزه مركز العالم وهذه الحركة التي يعطيها مختلفة في مواضع كثيرة وان حركة العقل
فينا ايضا ليس مثل حركة الانبعاث بعينها ولا هذه الحركة مثل حركة العصب ولا هذه
الحركة مثل حركة الرجل لان لها بعض الاختلاف في ميلها الى الخارج واما حركة جليته
الاثير المستدير فانها تتصل بجميع الجواهر المنفصلة عنها ولكنها ليست موافقة لحركات
تلك الخاصية لها ولا لتلك لو افق هذه حركاتها الاول المستدير والاجسام التي هي
لكل واحد من الكواكب تاخذ من الاثير مكانا واحدا لانفسها وللكواكب فقط لكن في ذلك
الحوان القبول لحركتها هذه التي في العلو والاثير مديرها لان مكانها فيه واما اجزاوها L29b
فانها مطلقة مرسلة تنتقل وتدور في مكان حليه ذلك الجسم على انواع مختلفة ووزن شتى
H 121 الا ان حركتها كلها مستوية مستديرة شبيهة بحلقة الدستبند وشبيهة بحلقة قوم
يلعبون بالسلاح وبعضها يعين بعضا في الفعل ويتصل قواها بعضها ببعض من غير
ان يتصل اجسامها الا منعها من الفعل ولا تمتنع هي بها من ان تفعل ومما يمكن ان
نبين به هذا المذهب وان يكون سهلا ان يعمل لذلك آلة تتبين بها حركات الافلاك
الخارجة المراكز وافلاك التداوير التي توضع لامر الحركات التي تظهرها وان استعمل
مستعمل في الحركات افطابا ولزم وضعها الخاص لها لم يمكنه ان يفهم ابتداها الا لشي
ولا الوجه في عمله ولا في ترتيبه ويمكن ان يعلم ذلك من امره واما ان وضع لذلك
قياس من الدواير البسيطة او من حركات الاشيا التي اشكالها اشكال الدوف
في سطح فلك البروج وان يقاس بها مواضع الكواكب على الولا فانه يجعل ذلك امرا
واضحا بينا لجميع الناس ويعلم به هل هو موافق لما ظهر لنا وللحساب الذي وضع
على حساب الاصول التي قلنا اولا اما الاسباب التي كان ينبغي لنا ان نقدم
ذكرها مما يختار على حسب النظر الصحيح الطبيعي من الاشيا التي وصفنا انفا لهذا
ما ينبغي بديهيا فلنقصد الان الى القول في ايضاح وضع الاجسام التي
لكل واحد من الحركات وترتيبها ن L30a

2 فى الا .L 3 الكواكب مرتبته مرتبه قوة سياسيه وانه .L 6 العقل] العضل .L 11 الكي] تمكن .L 13 بكليه .L 14 حركاتها .L 19 ولزوم .L 22 وان يقاس] فقاس .L 24 حساب الاصول] حسب الاسول .L 24 الاسباب] الاشيا .L 25 الصحيح] L. omits 26 ايضاح] L. adds امر

فنقول قولا واحدا عاميا لئلا نحتاج الى اعادة القول وتكراره ولا الى ان نقول BM 96a
قولا مختلطا فيما نروم من وضعه في الحركات واقدار الابعاد والميل والخروج من المركز
والافلاك المتداويرة ونجعل مذهبنا في ذلك مذهبا نائبا للطرفين جميعا ليكون قد
H 122 فهمنا ايضا امرا خلا فانها الجزئية وكثرة الحركات التي تخص جميعها ومذهبها البسيط
ونبتدئ في ذلك من فوق اعني من القول في الكواكب الثابتة لانها اول ما يتحرك بحركة
محسوسة ولا نستطيع ان نكون فيها الا الواحد من النوعين اللذين ذكرنا الحركة فقط
وذلك ان الكواكب متفرقة متبددة في جميعها وهي تحفظ وتلزم على حالة واحدة ليس وضع
بعضها عند بعض ومراتبها فقط لكن والقوى التي يجب ان تكون ممتدة في الكرة التي تحيط
بها وتحركها ونسمي ما كان من الاجسام متحركا من المشرق الى المغرب على اقطاب فلك معدل
النهار وكان يذهب بجميع ما يحيط به الى ناحية حركة الكل بالضرورة باسم عام له وهو المحرك
واول هذه الاجسام هو الذي يحرك كرة الكواكب الثابتة والثاني هو الذي يحرك
كرة زحل الخارجة والثالث الذي يحرك كرة المشتري الخارجة وكذلك ما يتلوها الى
على الولاء ونسمي كل واحد من الاجسام التي تحت هذا الجسم بحسب ما يعرض لكل واحد L30b
منها من الاعراض اعني من قبل وضعها الى وضع فلك البروج وذلك ان بعض التي
تحيط بالارض منها يدور على سهم فلك البروج نفسه ونسمي المتشابهة المراتب
وبعضها مركزه مركز هذا الفلك ولكنه لا يدور على سهمه وتسمى الافلاك المائلة
وبعضها ليست على سهمه ولا تدور على مركزه وبعض هذه يدور على سهم يوازي سهم
فلك البروج ويسمى باسم خاص لها افلاك خارجة المراكز وبعضها يدور على سهم
ليس يوازي سهم فلك البروج ونسميها باسم خلاف اسم الاولى وهو ضد المتشابهة
H 123 المراتب واما التي لا تحيط بالارض وهي التي نسميها باسم عام وهو فلك التدوير
فان بعضها يتحرك على سهم يوازي الفلك المائل الذي ذكرناه ويسمى غير مائلة وبعضها
يتحرك على سهم غير موازي ويسمى غير مائلة وبعضها يتحرك على سهم غير مواز ويسمى مختلفة
الميل وما كان منها محيطا بالاجسام المضيئة يسمى محرك الكواكب
فاذ قد قدمنا وضع هذه الاشياء فانا نخط اولا اربعة افلاك مركزها
مركز العالم وهي اب وجد وهز وحط ونتوهم نقط اح وطب على
سهم معدل النهار وخطي حه زد المستقيمين على سهم فلك البروج ونتوهم
ايضا ان الدائرة التي تحيط بها دائرة اح هي التي تحرك كرة الكواكب الثابتة

---

1 عاميا] عاما .L 2 يروم من وضعه في الحركة .L 4 امر] من .L 5 من القول] L. omits
5 اكر] كرة .L ما يستقيم] تشقيص .L ما ذكرناه .L 7 وذلك ... جميعها] L. omits
7 حاله] L. omits 9 متحركا] المتحركة .L 10 يحيط] يحتاط .L 11 هو] L. omits 15 نفسه]
L. omits 17 ليست على مركزه ولا يدور على سهمه وبعض .L 18-19 ويسمى ...
البروج] L. omits 21 للفلك .L 21 ذكرنا .L 22 غير مايله ... تسمى] repeated, L. omits

والتي تحيط بها دايرتا حه هي التي للكواكب الثابته والكره التي تحيط بها دايرتا حم BM 96[b]
هي التي تحرك الكره الخارجه التي ارخل ولتماس كره حه على ج وتماس حه وح
على ه ور و اذا كان اح يتحرك من المشرق الى المغرب على قطبي اب الثابتين فان L31[a]
النقط الاخر التي فيه مما ليس على سهم اب تحرك مثل هذه الحركه التي ذكرناها حتى ان نقطتي حد
ايضا والكره المتصله بهما التي للكواكب الثابته وهي حه تتحرك على مثل ذلك وتتحرك
كره حه على سهم جد على خلاف حركه اح الى ناحيه المشرق وتحركهما ه ح الى تلك
الجهه بعينها ومثل حركتهما في السرعه ولكنها حينيذ لا تحفظ الوضع الذي لاح الذي
H 124 هو امر اضطراري في ان تحرك الكره الخارجه من الارض كما كانت حركتها اح لو كانتا
متصلتين وكان يحتاج الى ان يكون حركه هح التي صارت مع كره جه على خلاف ذلك
وان يكون مثل حركه تلك في السرعه فانه على هذا الوجه ليس انما يكون نقطتا ج د
ونقطتا ه ر من الكره القصوى باقيه على عمود واحد بعينه وهو سهم فلك البروج
فقط لكن و ا ب خط الذي هو سهم معدل النهار وهو من البين ان جميع ما في
كره اح مع ما في كره هح تحفظ وضعا واحدا بعينه فاما ان القول بان الكرات تنعطف
وتلتف بعضها على بعض فضل لا يحتاج اليه في هذه الاتصالات اعني التي يكون
فيها اقطاب الكرتين على سهم واحد

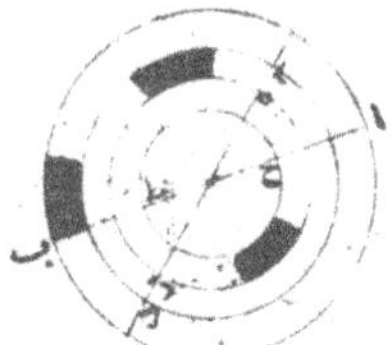

فانه بين من هذا القول الذي انا
قايله وهو ان قطبي كره هح ان لم L31[b]
يكن لهما وضع على هر لكن يكونان
على نقطه اخرى من النقط التي تتحرك
من كره حه فانه ينبغي ان تتحرك هي
ايضا واقطابها مع حركه كره جه وتحتاج الى الحركه التي تكون بالتفاوت لكن اذا
كانت نقطه ه و نقطه ر ثابتتين فليس كره هح مضطره ان تتحرك مع كره حه ولا تبدل
حركتها وذلك انه يمكن اذا تحركت كره جه مما يلي اح ان تكون هي ثابته و تكون
النقطتان الثابتتان مشتركتين لكلتي الكرتين وهما نقطتا هر وهذه الحال
هي مثل حالها لو كان السهم الذي يمر بـ جه وبد متصلا بالكرتين اللتين في
الطرفين وكان يطلقا مرسلا في الكره الوسطى فكان تحفظ تينك الكرتين على
هيئتهما بعضهما عند بعض ابدا وكانت تتحرك هذه الوسطى الى جانب تينك كليتهما

---

1 والتي] والكرة التي L. 1-2 هي التي ... حه] L. omits 2 ج] وج L. adds 7 والكنها L.
8 كما كانت L. 11 من الكرتين الطرفين باقيه L. 11 عموده L. 11-12 واحد ... فقط]
13 القول بان تنعطف L. 17 قطبي] نقطتي L. 19 نقطه] نقط L. 27 جانب
تينك L.

حركة على الخلاف حتى ان الجرم الاولى كان ان نسمي هذه الاكر ثابتة مكان تسميتها الملتفة BM 97[a]
وهي في هيئة الاكر كلها كرة حالها هذه الحال وهذه هي الكرة الاولى الخارجة من التي
H 125 تلتف بعضها على بعض فينبغي ايضا ان تكون هذه الكرة موضوعة في الوجه الاخر من الوجهين
اللذين ذكرناهما لكن لا تكون الملتفة لكن كالتي تفارق التي هي خارجة عنها بكل واحد نوع
من الانواع كما تفارق هاهنا كرة بح لكرة اح فحسب القول انها كرة تامة فان الاكر المتحركة L32[a]
تكون ثلثة وهي هذه الكرة الاولى من الاكر وكرة الكواكب الثابتة والكرة الثانية من
الاكر المتحركة وتكون هذه ايضا منفصلة ومحيطة بكرة زحل فقط فاما بحسب القول
بالمنثورات فان الكرتين اللتين ذكرنا تستقيان على حالهما والكرة الباقية تكون مشتركة للاثير
الذي يحيط بكرة الكواكب الثابتة كله ومحيط هو بجميع الاكر الباقية وتلويها ولهذا
السبب ان اراد مريد الا يسمي الجوهر الواحد اثيرا وسماء جوهرا واحدا بعينه فالواجب
ان يصير اسم السماء واقعا على الكرة التي تحيط بالكواكب الثابتة التي ينظر اليها بالضياء
الكثير جدا واما سائر الاجسام فاما اما ان لا تكون قابلة لشيء من هذا واما ان تكون
قابلة لشيء واحد فقط اي ان يكون فيها كوكبا واحدا فقط ن

مثال عام للحركة الاولى الكلية وكيف تتحرك افلاك الكواكب L32[b]

اما في هذه الاشيا فان فيما قلناه منها بعض القنوع فلنبين بعد هذا ما يلزم في وضع ترتيب L33[a]
الاكر وخاصة فليكن حول آ الذي هو مركز فلك البروج للكرة الثانية من الاكر المتحركة
وهي التي تخط سايرة بجه كما ان يكون المحرك حولها ومحيطا بها لو نقلناها من موضعها
الاعلى وجعلناها في قدر ما يكون خروجها مما هو دونه ونجيز على نقطة آ في سطح فلك
H 126 البروج خط جه آ ونجيز ايضا عليها في سطح الفلك المايل الذي يحيط بالابيض على
مركز الفلك الخارج المركز الذي عليه يتحرك فلك التدوير نقطة ز ومركز كرة فلك
التدوير ح ونخط على مركز ح دائرتي طك ول ونخرج في سطح الفلك المايل عن فلك
التدوير خط هر ونخط على مركز ب الاشكال التي تحيط بافلاك التدوير وهي مس
وعق ونخط على مركز آ دائرة زشت والدائرة التي حولها ونتوهم نقط بز نح
على السهم الذي يمر بنقطة آ الذي هو سهم فلك البروج ونتوهم نقط نعقس على
السهم الذي يمر بنقطة ز الذي هو سهم حركة فلك الخروج عن المركز المستدير
واضافة ما نتوهم نقطتي نح على السهم الذي يمر بمركز ح القايم على هف على زوايا L33[b]
H 127 قايمة ونتوهم نقطتي دص على السهم الذي يمر بنقطة ح القايم على لم على زوايا

---

1 مكان تسميتها الملتفة .L 2 وهي في] وفي .L 2 كلها كرة حالها .L 2 وهذه هي]
4 كالتي] تفارق .L 5 انها كرة] باكر .L 5 من الاكر] المحركة L. adds 8 الباقيه]
الثالثه .L 10 الجوهر الواحد] L. omits 11 السما واقعا .L 12 اما ان يكون .L 13 اي
... فقط] L. omits 16 الكرة الثابتة .L 18 مما هو] من ما .L 19 جآ] دآ .L
20 الخارج المركز] خط هر آ ونتوهم عليه مركز الفلك الخارج المركز L. adds
22 لحم .L 22 مركز ,L. 24 نعقس .L 25 الحروج] البروج .L 26 نح] نح .L

قايمه ونتوهم نقطه ل على الكوكب ولتكن الخطوط التي تحدد بسبب الكوكب الخاصة له BM 97b
ا د ر ح والخط الذي بين نقطة ح ومركز الكوكب ح و س ما قدمنا اولا ان الاكر التي
تحيط بدايرة ج ه اذا تحركت من المشرق الى المغرب تحركت ايضا الاكر التي تحيط بها دايرة
ج ه ودايرة ن س التي هي اول اكر زحل وان هذه الحركة الحركة تتحرك على سهم معدل النهار
وقطبا كرة ي ج س ه اللذان هما ج ه موضوعان على سهم فلك البروج فان كرة
ن ق لما تحركت بالقرب من الاكر التي تحركهما من ناحية المغرب الى ناحية المشرق بالحركة التي
هي لاوج الفلك الخارج المركز تحركت معها ايضا الاكر التي تحيط بها دايرتا ن س ع ق
ولان هاهنا قطبين اخرين وهما ن س وهما موضوعان على سهم اخر سوى السهم الذي
بين ب ج فانهما ايضا تتحرك الى جانب ب ه الى ناحية المشرق مثل حركة فلك التدوير
وليس تتحرك الاكر التي تحيط بها ع ف ور ت مع حركة كرة ب ج لان تبقى على الوضع
الذي لان قطبي كرة ن ع وهما س ه وقطبي كرة ع ز ه اللذين هما ع ق هما ايضا على
سهم واحد وتتحرك مع كرة ع ز الاكر التي تحيط بها ر ت لان قطبي كرة ع ز اللذين هما ع ق L34a
لا يقعان مع نقطتي ر ت على سهم واحد وان دارت الاكر التي تحيط بها ر ت حول هذه
المواضع التي هي على العمود الذي عليه ج ه من المشرق الى المغرب مثل المقدار الذي
تتحرك من المغرب الى المشرق كرة ب ن التي تتحرك مع المحرك فانه تكون الاكر التي تحيط بدايرة
ج ه والتي تحيط بها دايرة ر ت على وضع واحد وقد كانت الاكر التي تحيط بدايرة ج ه الثانية
H 128 هي من الاكر المحركة وهي من اكر زحل فصيرا الاكر التي تحيط بها ر ت هي الاكر الثالثة
من الاكر المحركة وهي من اكر المشتري فاما من افلاك التداوير فان كرة فلك التدوير
التي تحيط بها دايرتا ط ك و ل م التي هي بجوفه تتحرك على سهم ج ه حركة مساوية لحركة
الاكر التي تحيط بها التي هي ه ف ا د ا انها تتحرك على الخلاف وذلك انها تحرك القطعة
التي تلي الاوج الى المغرب والتي البعد الاقرب الى المشرق والاكر التي تحيط بها دايرة
ل م التي هي متصلة بالكوكب الذي عليه ل تحركها في ن د الى الناحية التي تحركها
لان قطبيها ليست على سهم ك ل وتتحرك هي مع الكوكب حركة مخالفة لتلك على سهم
ن د اعني ان القطعة منها التي تلي الاوج تنقلها الى المشرق والتي تلي البعد الاقرب L34b
الى المغرب فجميع ما يجتمع من حركة الاكر المحيطة وحركة الكوكب نفسه يحصل لنا
اكر زحل خمسا لثمانية الاكر التي تحيط بالارض وهي كرة ب ن التي هي متشابهة
في الرتبة لفلك البروج لانها تدور على سهمه وكرة ن ع التي هي غير متشابهة

---

4 بس .L 5 بنجس .L 6 بن .L 8 زس .L 9 جانب بق .L 10 عق ورت .L
10 كرة نع 11 الذى لبن لان قطبى كرة نع وهما يس .L 11 كرة عق .L
12 رته لان قطبى عرته .L 13 رته L. (both places) 14 من المشرق الى
المغرب .L; من المغرب الى المشرق L. supra 15 كرة بن .L 16 رته .L
17 رته .L 21 والتى يلى البعد .L 22 عليه آ .L 22 تد .L 27 الرتبه] المرتبة .L
27 نع التى هى عتر .L

في المرتبة لفلك البروج لانها تدور على مركزه ولا على سهم موازٍ لسهمه ولكن عرض التي يحوزن BM 98[a]
ابدا وضعها موافقا لوضع كرة بن التي منها ترجع الكرة المائلة المحركة الى وضع مقابلها
من الاكر المحركة فليس ينبغي ان يبحث الاكر المحركة مع الاكر التي تفصل فيما بينها لانها
ليست خاصية لشي من الكواكب فالحري احرى ان لا يبعد معها مرتين ولا ينبغي ان يشغل في ذلك
H 129 بهاذه بالمقيط وحاط بها فان هذا ايضا قد يعرض لغيرها من الاكر ولا لانها متقدمة لبعض
الكواكب متاخرة عن بعض لكن لكل واحد منها واحدة في النوع والعدد واما ان لقوة
محطها واحدة ويكون لنا ايضا من افلاك التداوير تركان لكن فلك تدوير خط مع محوره له
ميل لها وذلك ان سهم لح موازي سهم لسه والكرة التي تحيط بها هذه الكرة وهي الحاملة
للكوكب وهي مايلة عنها لان سهم دضه ليس بموازٍ لسهم لس ن L35[a]
فاما في وضع المنشورات الكرية فنتوهم على اين لج ولحب دائرة د ت
كرة الاثير متصلة وتتوهمها تدير بد وراها القطع الكرية التي تحيط بها د و ولتكن من المشرق
الى المغرب فليكن المنشور الاول في هذا الوضع هو منشور من الكرة التي تحيط بها حاصرنا
لج ورت وليكن هذا المنشور ماخوذ فيما بين رح وضدها في الوضع وليكن قائما على
سهم لج الذي هو سهم فلك البروج على زوايا قايمة وليكن المنشور الثاني منشورا اخر
من الكرة التي تحيط بها دايرتا نس وعق وليكن هو ايضا فيما بين مح وضدها في الوضع
وليكن قائما على سهم سن على زوايا قايمة وليكن قد احاط بجميعه المنشور الاول وليكن
ايضا منشور ثالث في داخله وليكن هذا المنشور من كرة فلك التدوير المجوفة التي
تحيط بها دايرتا لح وبص وليكن هو ايضا في وسط طك وليكن قائما على سهم لح
على زوايا قايمة وليكن ايضا منشور رابع تحيط بجملته هذا المنشور الذي ذكرنا
وليكن قطعة من الكرة المحركة للكوكب التي هي مصمتة وليكن هو ايضا في سطح لح
H 130 وليكن قائما على سهم دص على زوايا قايمة فبحسب هذا الوضع يكون لنا اربعة منشورات
فقط ثلاثة منها شبيهة بالفلك وواحد منها وهو اخرها شبيه بالدف وينبغي ان نفهم
الحركة في كل واحد منها على المذهب الذي فهم في الاكر التي هذه هي قطع لها وان نقيم L35[b]
عرضها عن جهتي السطوح المتوسطة لها بمقدار ما يجري في الاحاطة بالقطع التي
لحاط بها كانت القطع موازنة لفلك البروج او كانت مايلة فيصل القطع تدلك لي
التي لحاط بها ابدا فيتحرك مع الحركة المحيطة ويفضل من خارجها الى الاثير وحدا العرض
اما في شكل الدف الصغير وفي وسط مثل مقدار عظم الكوكب الذي لحاط بهم

---

1 لانها] لا L. adds 10 زت L. 12 الاول ... بها] L. omits 13 رج] دب L.
14 اخر] L. omits 20 من الكرة المحركة للكواكب L. 20 سطح] وسط L. 23 هي]
L. omits 23 نقيم] يفهم L.

BM 98[b] واما الذي يحيط بهذا ذي ماقه بمقدار عظم ميل حف آ وايضا فان هذا القطعه التي تحيط بهذا وهي مماس هت عظم هذا الميل وذلك ان وضع مماس القطبين وضع متواز وكل سطح واحد متوسط لهما واما هذه القطعه الخارجه عن الجميع وهي مماس ب ح بمقدار عظم ميل منشور هت فقد تبين لنا ان الحركة الكوكب الضابطه او منشور فيجعل جسم ولسعه من الاجسام الموضوعه لذلك الكوكب وهو الذي على جانبي آ المخالف في حركته لحركة فلك التدوير الاول فاما ان نقول الوجه الاخر اولى بما قصدنا ان نتوهم من مثل الاشيا التي قلت في بيان الاجسام حتى يكون الكوكب ايضا محويا على كانه لا يحتوى

H 131 كل واحد من تلك الاجسام ولا تحتوي على مكان لغيره احتوا متصلا لما يبتدي خرج او لانه L36[a] يدفع شيئها بما يشاق بعضها بعضا فان ما كان من الحركات على مثل هذه الحال فانه يستدل بذلك على ابتدا حركة من شي اخر ولضرورة واما التدحرج فانه خرج عن حد الحركة الدائمه حول الوسط فالاولى اذن ان تحرك هل احد من الكواكب ايضا شيئا لان هذا هو في الكوكب وفعله في موضعه الخاص له وعلى وسطه اعني الحركة المتصلة المستديرة فقد يجب ان يكون للكوكب اولا التي يفعله بالاجسام التي تحيط به ن

مثال لافلاك زحل والمشتري والمريخ والزهرة

L36[b] فاذ قد فصلنا وضع الاشيا التي ذكرنا في كوكب زحل فينبغي ان نثبت ونخطط هذا الوضع وهذا الترتيب بعينه في الاكر والمنشورات التي للكوكب المشتري وكوكب المريخ وكوكب الزهرة واما النسب الخاصيه لكل واحد منها فانا نترك ذكرها اذ كانت قد ذكرت مع غيرها ونلحق بها اشياء خاصيه يستحق ان نذكرها ان الاكر والمنشورات التي تتبعه جسم نع مركزها ابدا نقطه نه وليس يتم به لا استوا الحركة ولا ميل فلك التدوير لان كما قلنا وبينا من امر الافلاك وان ذلك نما يكون في سطح على اح بعدها من آح بعدها من نه وان مركز فلك التدوير اذا كان في منتهى شمال ميل الفلك الذي يحيط بالارض فعند ذلك هو ن منتهى شمال الميل عن فلك التدوير في زحل والمشتري والمريخ في البعد الاقرب من

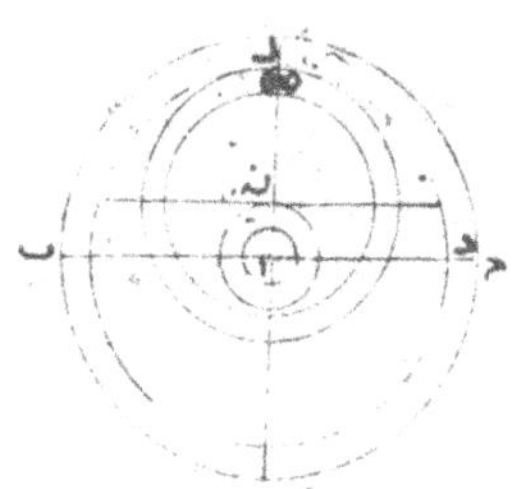

3 بين ده] بمقدار .L 10 على ان] ابتدا .L 11 اذن] اذا .L 19 نقطه] ز .L 23 ز .L

1-26 في زحل والمشتري والمريخ في البعد الاقرب من فلك التدوير] L. omits

H 132 فلك التدوير واما في الزهرة وعطارد ففي نقطه بعدها من اوج فلك التدوير الى ناحيه BM 99a
المشرق تسعين جزوا وهي نقطه ح دايما ن
فلنصر الان الى القول في الشمس ونضعها على هذه الصفه نخط على آ وهو مركز فلك
البروج دايرتي بج ده ونخرج خط ازح في سطح فلك البروج ونتوهم نقطه د
على مركز فلك الشمس الخارج المركز ونرسم حول هذا المركز دايرتي كط ولم ونفصل على
مركز ح دايرة منسه الشمس ونتوهم الكره التي يحيط بها فتكون حركه الشمس هي الحركه الثالثه L37a
من الكرة الاولى المحركه والكره التي يحيط بدايره ده هي الكره التي تحرك الارض وهي الكره
السابعه من الكره الاولى ونجعل ايضا نقطتي بج على سهم فلك البروج الذي يمر بنقطه آ
ونجعل ط وك ول ون على سهم الفلك الخارج المركز الذي يمر بنقطه ن الذي
هو مواز لسهم فلك البروج ولكن النسبه الخاصيه له نسبه آن الى نح فاذا
حركت كره بط من المشرق الى المغرب حركت معها كره طل لان كره بط تتحرك على
سهم معدل النهار وكره طل تتحرك على سهم مواز لسهم فلك البروج فاذا تحركت هذه
الحركه على الخلاف وحركه الشمس هي الخاصيه من المغرب الى المشرق وعلى السهم
H 133 الذي يمر بطل ومد فان كره اذ تتحرك بمقارنه لكره بط لان قطبيهما اللذين هما
آم قطبا طل هما على سهم واحد وهو سهم كره طل حتى ان وضع لد يكون بوضع بط ووضع
الكره الاولى من اول الحركه وكذلك ايضا الامر في وضع المنشورات الكريه فان الاجزاء
بط ولد نتوهم متصله بجرم الاثير وتتحرك معه مع القطعه الكريه التي هي بهما من المشرق
الى المغرب فلو توهمناها الان كلها واحده
والقطعه الموجوده هي من الكره التي يحيط
بها دايرتا كط ولم الماخوذه فيما بين
نس وعف وهي قايمه على سهم بج الذي
هو سهم فلك البروج على زوايا قايمه وعرضها END L 37a
بمقدار ما يحيط بجرم الشمس فيبقى ان
يجعل السهم الذي للشمس جسما واحدا
على الوجهين جميعا مجوفا غير ذايل وهو خارج
عن المركز لان سهمه مواز لسهم فلك البروج
مثال لفلك الشمس L37b

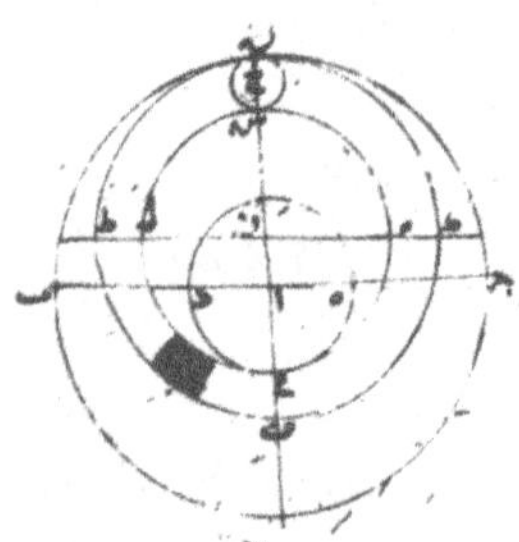

6 للشمس ونتوهم .L 9 بنقطة ز .L 10 از الى زح .L 11-12 لان ... طل] L omits
14 ومل فان كرة لد .L 15 لم] أم .L 15 طل] طك .L 19 الموجودة] L omits
22-26 وعرضها ... البروج] L omits

القول في افلاك عطارد واما في وضع فلك عطارد فانا نجعل ايضا الكرة السابعة BM 99a L38a
من الاكر المحركة اللاتي التي تحيط بدايره بج على مركز آ ونجز على نقطه آ خطا آ في سطح فلك
البروج ونجز عليها ايضا خطا ها في سطح الفلك المايل الذي يحيط بالارض ونعلم على مركز
الفلك الخارج المركز نقطه ن وليتحرك هذا المركز حول مركز ح ويكن مركزا في افلاك التداوير
نقطه ط ونخط على مركز ط دايرتي كل مركز ونخرج في سطح فلك التدوير المايل الذي
فيه يتحرك الكوكب الذي عليه نحط سطن ونخط على مركز نه الدايرتين اللتين تحيطان
بالكرة افلاك التدوير وهما سع ع ف ق د ونرسم على مركز ه دايرتين تحيطان بالدايرتين
H 134 اللتين ذكرنا وهما شت وخ ونخط على مركز آ دايره دهه الدايره التي تحتها وليكونا
تحت الدواير التي ذكرناها ونتوهم نقط صح على سهم فلك البروج و نقط
ش ب ح نه على سهم الفلك المايل الذي يحيط بالارض الذي يمر بنقطه ح ولنكن
H 135 نقط س ق وع على سهم الفلك الخارج المركز الذي يمر بنقطه ن وهو موازٍ للسهم
الذي يمر بنقطه ح ونتوهم نقطتي ص ط من النقط التي في فلك التدوير على السهم الذي
يمر بط ويكون قايما على كره على زوايا قايمه ونتوهم نقطتي رع على السهم الذي يمر L38b
بنقطه ط آ القايم على مركز على زوايا قايمه ولنكن النسب الملاصقه للكوكب موجود
في خطوط اح ح نه نط والخط الذي يخرج من نقطه ط الى مركز الكوكب فهذه
الاسباب مع ما تقدم ذكره تكون الاكر التي تلي دايره بج اذا تحركت بالمحيط
من المشرق الى المغرب فان كره بش التي هي على سهم فلك البروج الذي هو محركه تحرك
الى ما تقدمها اعني الى المشرق ويميل حركه الاوج وتحرك معها ش س من اجل اختلاف
السهام وتحرك هذه الكره الى ما تقدمها وهو الى ناحيه المغرب على سهم س ت مثل
حركه فلك البروج وتحرك معها س و واختلاف قطبيها اختلاف واحد فاما س ق
فانها تحرك خلاف هذه الحركه الى المشرق على سهم س ع مثل الحركه التي تحركه س ه
مع زياده حركه مساويه لهذه الحركه التي تحركها س ه وهو ضعف الحركه المستويه
ويميل فلك التدوير ليس نحو نقطه ن التي هي مركز الفلك الخارج المركز لكن نحو ح
وكره س ق لا تحرك بحركتها معها كره بث اذ كان سهماهما متفقين لكن نحفظ
بث وتثبت على وضع واحد تقارن به وضع س ه واما كره ت ذ وانها الحال
اتصالها بكره ت ف تتحرك هي ايضا معها الى المشرق ويميل حركه س ه مع حركه
H 136 ش الى المغرب على سهم ح وهو ابدا السهم بعينه الذي يمر ب ش فيحفظ كره L39a

---

1 القول في افلاك عطارد] L omits 1 فلك] كرة كوكب L. 3 على] عليه L. 4 ر̄ L.
6 ر̄ L. 7 8] ح̄ L. 10 شر تـ خ تـ L. 11 على ... المركز] L omits 11 ز̄ L. 12 يمر]
على سهم حركة الفلك الخارج المركز الذي يمر L adds 13 يمر بط L. 13 دع] تع L.
15 اح وحزو رط والخط L. 17 فان كره بش L. 17 سحرك الى L. 18-19 وتحرك ...
السهم] L omits 19 شت L. 20 البروج] التدوير L. 20 سق واختلاف L. 23 التدوير
ليس ... نحو L. 24 لا تحرك معها بحركتها كرة اذ L. 25 بث] فث L. 26 تف L.

BM 100a

تد على وضعها كوضع مثنه وكذلك ايضا الكرة التي تحيط بها داير دص تتحرك الى ما نب
تد الى المغرب على سهم دص الذي هو السهم الذي يمر بنح بمثل حركة شب الى ما تقدم اعني
الى المشرق حتى ان هذه الكرة ايضا تحفظ الوضع الذي للكرة التي تحيط بداير جا التي هي
الكرة السابعة من الاكر المتحركة فيكون هذه الكرة هي الثامنة من الاكر المتحركة و كذلك
ايضا امر افلاك الزهرة وبرام ا الكرة التي تحيط بها داير كل ومنه التي هي ايضا مجوفة
فانها تتحرك على سهم ضط مع الكرة التي تحيط بها حركة مساوية لحركة فلك التدوير وتحرك
الناحية التي تلي الاوج منها الى المغرب والتي تلي البعد الاقرب منها الى المشرق
واما الكرة التي تحيط بها داير منه التي هي متصلة بالكوكب التي هي عند نقطة نه
فان ... تحركها الحال الحلال ... وتحرك هي على خلاف هذه الحركة مع الكوكب
وذلك ان القطعة التي تلي الاوج تتحرك الى المشرق على السهم الذي يمر بنقطتي كع
كمثل الحركة التي تحركها الكرة التي تحيط مع ... الكرة مجموعين ملوز لنا الكوكب
عطارد سبعة خمسة منها هي التي تحيط بالارض وهي كرة ه ف ح المتشابهة الترتيب
وذلك انها تتحرك على سهم فلك البروج ... وسف وهما ضد المتشابهة
لان ... وان ... متوازيين فليسا على مركز فلك البروج ولا موازيين ...
بث ايضا المقارنة لكرة شس ... تد المقارنة لح ... ايضا الفلك التدوير
وهما كرة كم المجوفة التي ليست بمايلة وذلك ان سهمها الذي يمر بنقطة ص ضط
مواز لسهم الفلك المايل الذي تحيط بها هذه الكرة وتحرك الكوكب وميلها تخالف ميلها
وذلك ان سهم هذه هو الذي يمر بنح وليس بمواز لسهم الفلك المايل الذي ذكرنا
فاما في وضع منشورات مراكز فانا نتوهم كل الاكبر متصلة حولها ابدا احول داير ه
بم وتحت داير ذض وانها تدير معها قطع الاكر التي تحيط بها بالحركة التي من المشرق
الى المغرب واول المنشورات الذي في هذا المكان هو منشور الكرة المجوفة التي تحيط
بها داير تا بم وذضه وهو محاط به فيما بين ده وما يقابلها وهو قايم على السهم الذي
يمر بنح على زوايا قايمة والمنشور الثاني الذي بعده هو كله داخل المنشور الاول
وهو منشور من الكرة المجوفة التي تحيط بها داير تا شث ولح وهو محاط به فيما بين ده
وما يقابلها وهو قايم على السهم الذي يمر بنقطتي شث على زوايا قايمة والمنشور الثالث
الذي يتلوهما ذين لهو بجمعه في داخل الثاني منشور الكرة المجوفة التي تحيط بها
داير تاسع وقه وهو محاط به فيما بين هف وما يقابلها وهو قايم على السهم

L39b

H 137

END L 39b

---

1 ثد وضعا كوضع L. 1-2 تدص ... تتحرك] L. omits 4 الثامنه] التامة L.
7 منزها] L. omits 10 يغ L. 11 بمثل L. 11 بها] اليها L. 11 بحيط] بها L. adds
12 سبعة L. 12 وهي كرة بج L. 13 المتشابه] المراتب L. adds 14 فانهما ليسا L.
15 بث] تث L. 15 لفلكي L. 16 بنقط ضطط L. 17 بحيط] بالارض والكرة التي بحيط
L. adds 18 بيع L. 23 الثاني] L. omits 26 المجوفه L. end 39b.

BM 100b الذي يمر بنقطتي بج على زوايا قايمه والمتشوّر الرابع ايضا باجمعه في داخل الثالث
وهو مجسّم فلك التدوير المجوّف الذي يحيط به دايرتا لك ومن في جوف دايرة كل
التي يحيط به وهو قايم على السهم الذي يمر بنقطتي ص ط على زوايا قايمه والمتشوّر الخامس
هو ايضا باجمعه داخل في المتشوّر الرابع وهو من الكرة المتصله بالكوكب المحركه له وهي التي
يحيط بها دايرة من وهي فيما بين من وهو قايم على السهم الذي يمر بنقطتي بج على زوايا H 138
قايمه فيكون لنا على هذه الجهه من جهات الوضع خمسه اقسام فقط اربعه منها شبيهه بالفلك
وواحد شبيه بالدف وذلك اذا
جعلت حركات كل واحد من المتشورات
شبيهه بحركات الاكر التي هذه
المتشورات قطع منها في الجهات
والاسما ومساواه الحركه جاز لنا
في الاكر وفي العرض الذي
عرض بين السطوح في كل واحد
من خمسين مما بينا فيما تقدم
من القول
مثال لافلاك عطارد
L40a فقد بقي ان نذكر وضع هذه الاشيا في القمر فنجعل وضع الكرة السامنه من الاكر
المحركه حول نقطه آ التي هي مركز فلك البروج وهي الكرة التي تحيط بدايرة بج ويجيز
على نقطه آ في سطح فلك البروج خط اد وفي سطح الفلك المايل خط ها ونعلم عليه
مركز الفلك الخارج المركز وهو نه ومركز فلك التدوير وهو ح ونعلم عليه مركز ح
فلك تدوير طك ونتوهم القمر على نقطه ط ولنعلم على دة الدايرتين اللتين تحيطان
بفلك التدوير وهما دايرتا امن وشعف ونعلم على مركزي الدايرتين اللتين تحيطان
بهما س وهما دايرتا لمن وشت ونتوهم نقطتي بج على سهم فلك البروج الذي
بنقطه آ ونتوهم نقطتي قر على سهم الفلك المايل الذي يمر بنقطه آ ونتوهم
نقط لس ف نه على سهم الفلك الخارج المركز الذي يمر بنقطه نه ونقطه
نخ على السهم الذي يمر بنقطه ح ويوازي سهم الفلك المايل ونحيط بالنسب
التي للتمر خطوط انه رح والخط الذي يخرج من ح الى مركز القمر واما H 139

---

17 فقد L. 40a 19-20 مركز الفلك ... المايل] L. omits 20 ز .L 22 دايرتا لمن .L
22 مركز] L. adds آ 24 نقطتي قر .L 25 نقط سفر .L 25 نقطة ز .L
26 نخ .L 27 آز وزح .L

الكره التي تحيط بدائره جـ د وتحرك ما تحيط به من المشرق الى المغرب حركة شبيهة بالحركة BM 101[a]
الاولى فانها تحرك كره ق معها الى ناحية المغرب على سهم فلك البروج الذي يمر
بحـ وتخلف عنها بمقدار حركة العقد وتحرك معها كره قل لحال الخلاف السهام وكره
قل هي ايضا تحرك الى جانب ثـه الى ناحية المغرب على السهم الذي يمر بنقطتي قـه حركة
هي حركة اوج الفلك الخارج المركز من العقد وتحرك معها كره لبس لحال الخلاف السهام
H 140 ولبس ايضا تحرك الى جانب قل الى ناحية المشرق على السهم الذي يمر بلبس بالحركة L40[b]
التي للمركز فلك التدوير من اوج الفلك الخارج المركز وتحرك معها كره طح التي
لفلك التدوير وتحرك هذه الكره ايضا مع القمر من موضع الاوج على سهم بج مثل
حركة القمر نفسه فتكون نقلة الاوج الى المغرب ونقلة البعد الاقرب الى المشرق ولا
تدور معها الا بقدر الذي تحت كره لس اللذين عند نقطتي بف متصلين بها وذلك انا
لا نحتاج هاهنا ان تكون الكره تلتف على ما فوقها لكن كره الهوى تماس الاثير على دائرة شت
وتكون هاهنا استواء حركة كره لس وميل فلك التدوير ليس على نقطة د التي هي مركز
مثل هذه الكره ايضا لكن على نقطة آ كما تعرض لغيرها عامة فتكون لثانية القمر اربعة
الاكر ثلاث منها محيطا بالارض التي تمر بنقطتي قـه حركة هي حركة اوج الفلك الخارج المركز
من العقد وتحرك ايضا معها كره لس لحال الخلاف السهام وليس ايضا تحرك الى جانب
وهي كره بق التي هي شبيهة بالترتيب وذلك بانها تحرك على سهم فلك البروج وكره
قط المايلة وذلك انها تحرك على مركز فلك البروج ولكنها لا تحرك على سهمه وكره
لس ليست شبيهة الترتيب لانها لا تحرك على مركز فلك البروج ولا على سهم موازٍ
لسهمه وكره واحدة هي كره فلك التدوير وهي كره كط المصمتة التي ليست مايلة وذلك
انه لا يلزم القمر من اجل هذه شيء من الميل فاما في وضع منشورات الاكر فانا نتوهم على دائرة L41[a]
بجـ كره الاثير متصلة ذاهبة الى دائرة شت وهي التي تتصل بالهوى كما قلنا فاول
المنشورات التي تحيط بها هذه الكره وتدير معها هو منشور الكره المجوفة التي تحيط بها
H 141 دائرتا بجـ شت وهذا المنشور لا يحاط به فيما بين دش وما يقابلها وهو قائم على
السهم الذي يمر بنقطتي بجـ على زوايا قائمة والمنشور الثاني ايضا هو كله داخل
كره المنشور الاول وهو منشور الكره المجوفة التي تحيط بها دائرتا قـه والدائرة التي ترسم
على مركز هذه وهي اعظم من دائرة شت فتمر بمثل دائرة ذض وهذا المنشور
ايضا هو فيما بين هـد وما يقابلها وهو قائم على السهم الذي يمر بنقطتي قـه على زوايا

---

2 بق L. 3 العقد] نقط L. supra adds 3 وتحرك] وتحول L. 3-5 وكرة ... السهام] L. omits 6 بلس] لبسق L. 8 بج] ثخ L. 10 لس] لانه لا يحتاج الى ان يكون قطبا كره لس L adds 11 هاهنا] الى L adds 14-15 التي ... جانب] L. omits 17 قل المايله L. 18 تتحرك] لا L adds 19 ليست بماثله L. 23 لا يحاط] يحاط L. 25 قر L. 27 قر L.

ويه والمنشور الثالث يحيط به يجمع المنشور الثاني وهو منشور الكرة المجوفة التي BM 101b
يحيط بها دائرتا لوسف وهو فيما بين هذه وما يقابلها وهو قائم على السهم الذي يمر
سقطتي لوبعار وايافايه والمنشور الرابع هو كله تحت ايضا الثالث وهو منشور
الكرة التي يحيط بها طوق مركز فلك
التدوير وهو ايضا فيما بين طوق وهو
قائم على السهم الذي يمر بسقطتي نشح
على بواايايه فيكون ايضا على هذه
الجهة من الوضع اربع منشورات
من شبه الاكر باعيانها لانه لم يحتج L41b
في هذه مما احتيج في تلك الى شي مما يلتف
بعضه على بعض لانه من هذه المنشورات
شبيهه بالفلك وواحد شبيه بالدف

والحال التي للحركات ايضا في الاجسام على الوجهين عن مقادرة ن
فجميع الاكر على الوجه الاول احدى واربعون كرة من ذلك ثماني اكر L42a
محركة وكرة للكواكب الثابتة وكرة الشمس واربع للقمر ولكل واحد من زحل والمشترى
والمريخ والزهرة خمس اكر في هذه الاكر في كل واحد من الكواكب كرة مقارنه ولتتحرك
على خلافها ولعطارد سبع اكر منها واحدة تتحرك على خلافها فجميع ذلك احدى واربعون
H 142 كرة واما على الوضع الثاني فان جميع الاجسام تكون سبعة وعشرين جسما من ذلك
ثلث اكر مجوفة وهي الكرة المحركة للكواكب الثابتة وكل ما بقي من الاثنين وستة وعشرون
منشورا من منشورات الاكر وكذلك ايضا تكون للشمس منشور واحد وللقمر اربع
منشورات ولكل واحد من زحل والمشترى والمريخ والزهرة اربعة ولعطارد خمسة فجميع
ذلك تسعة وعشرون جسما وان نحن توهمنا ان حركات الكواكب هي لها انفسها
لا الاجسام اخر محركة لها عددنا ماذ كرنا من الاجسام سينقص في كل احد من الجهتين
واحدا واحدا في كل واحد من الكواكب المتحيرة فيكون ما ينقص من عدد الجميع سبعة
فيجتمع على الجهة الاولى اربعة وثلاثون كرة وعلى الجهة الثانية تكون الاكر ايضا ثلث اكر
والمنشورات تسعة عشر منشورا فجميع الاجسام اثنان وعشرون جسما فليس يظهر L42b
ولا يعرض لها مر مخالف لما نظهر البتة ان لم يتوهم على الجهة الثانية ان الاجسام

---

4 مركز] من كره .L   8 من الموضع .L   15 وكره الشمس] L. omits   16 مقارنه] مقار .L
16 وكيف] وكرة .L   17 فيها] واحدة مقارنة .L   17 وواحدة .L   19 الثابته] وكرة الكواكب
الثابته   23 بها] فان L. adds   26 عشرون] وثمانون L. adds   26-27 يظهر
ولا] L. omits

التي تحيط بالحركات شبيهة بالفلك لكن شبيهه بالاسوره او شبيهه بالاهلود من بعد BM 102a
ان تحفظ ها هنا ايضا ان الاشيا المحيطه التي هي اكبر تحيط بجميع ما هو اصغر فيها لئلا يكون
كان وضعها وضعا متزايدا فقط لكن وان كانت خارجة المراكز وان كان ما يليه على ما قلنا
فيها وايضا لنختار احد هذين الامرين لتحفظ اختيارا طبيعيا فقط اما التشبيه بالفلك فلانها
تحيط قطع كريه وان لم تكن الاضلاع التي تلي الجهة العميقة مستديرة وان لم تكن محيطة
بجملته منشورات لم مجوفه بل انما تحيط باشيا من القطع شبيهه باثار الخرط اشكالها
H 143 شبيهة بما يعمل من قوس قزح وقد يكون في الهيئة اشكال مثل هذه كثيرة واما ان نجعل م
افلاك الدوائر التي تحيط وحركات الكواكب نفسها فيمكن ان نتوهم مصمته وان نتوهم ايضا
مجوفه وان ما في داخلها وما تحيط بما داخله يصير واحدا متصلا قد يجوز في المنشورات
اذا لم نتوهم اشكالها في العمق شبيهه بذلك وتوهمنا اشكالها اذا كانت مصمته
شبيهه بالدفوف وصوصن واما في الاشكال الشبيهة بالاسوره فليس يجوز ذلك
لان هذه الاشكال هنا الشي الواحد وهو ان نتوهم مجوفه وان لم نحوي في جوفها L43a
شيا لان هذا هو حد هذه الاشكال التي ذكرنا واما انا فقد استعملنا اختلاف حركات
ابسط واقل مما فعل من كان قبلنا كثيرا فيما وصفنا من اسباب ما يظهر فانه تبين
اذا قيس بما قالوه وبما استعملوه في ذلك فاما الذي يجب فيه فانما يتم بما وضعنا
وحده اعني انه يتم به ما يعرض في حركات الكواكب ما يعرض في حركات الكواكب من
الاعراض الكلية والجزئية فيما نتوهمه وفيما يظهر من ذلك فانه يمكن الفاحص عنه ان
يفهمه وان يعلم اذا هو جمع وقاس ما يتوهم من وضعها الى الارصاد التي لا شك فيها
ان كان قياسه فيما يفحصون عنه بالمثالات التي تكون بالالات وان كان يذهب
نحيط به الحذاق التي تستعمل في القوانين ولكيما يكون حساب الحركات المستوية التي
تستعمل في الالات الشبيهة بالدفوف سهلا غير عسر ولكنا نبتدي في التعليم في وضعنا
H 144 في الزيج الذي تلوها بناهذا حركات كل واحد من الكواكب المتحيرة على ما يتبع الاصول
والمذهب الذي اخذناه وما يجتمع من هذه الحركة في السنين المجموعة التي هي خمس وعشرون
خمس وعشرون سنة واولها من بعد موت الاسكندر على استوا الايام والليالي وفي
السنين وفي الشهور وفي الايام وفي الساعات اما الشمس ففي جدول واحد L43b
واما لما سواها ففي اربع اربع جداول ولكل واحد منها من بعد ان نجمع الابواب
التي للسنين المعروضة مع سنيننا التي نحن فيها والشهور والايام ونأخذ ايضا

---

1 بالاهلود] بالاهلة L. 2 فيها] منها L. 4 وايضا] وانما L. 4 احتيارا L. 5 نقطع L.
5 مستديره] من كل جهه واما شبيهه بالاسوارة فلانا قد وضعنا ايضا انها مستديرة
L. adds 6 الخرط] كان L. adds 8 نحيط و] L. omits 12 الاشكال] فيها L. adds
14 مما فعل L. 15 واما ان الذي نحن فيه انما L. 16 ما يعرض في حركات الكواكب]
17-18 repeated, L. once ان يفهمه] L. omits 20 نحيط به الحذاق] نحطيط الحداول L.
21 غير عسر ولكنا] على من عسا ان L. 21 في وضعنا] وضعنا L.

[BM 102b] الساعات المعتدله الذي مضت من نصف نهار يومنا واذا في الشمس اذا جمعنا العدد الذي لحيال هذه الابواب وجدنا بعد مركزها من اوج فلكها الخارج المركز على ما يتلو من فلك البروج واما في القمر فان الذي جمع من الجداول الاول لجدبه بعد منتهى شمال الفلك المايل عن نقطه الاعتدال الربيعي على ما يتقدم من فلك البروج والذي جمع من الجداول الثانيه هي بعد اوج الفلك الخارج المركز من منتهى شمال الفلك المايل على ما يتقدم من فلك البروج والذي جمع من الجداول الثالثه هو بعد مركز فلك التدوير من اوج الفلك الخارج المركز الى ما يتلو من فلك البروج والذي جمع من الجداول الرابع هو بعد مركز القمر من اوج فلك التدوير على ما يتقدم من فلك البروج في القوس العليا فاما في الخمسه الكواكب المتحيره فان العدد الذي جمع من الجدول الاول هو بعد اوج الفلك الخارج المركز من نقطه الاعتدال الربيعي الى ما يتلو من فلك البروج [L 44a] والذي جمع من الجداول الثانيه هو بعد مركز فلك التدوير من اوج الفلك الخارج المركز الى ما يتلو ايضا من فلك البروج فاما في عطارد منها فانه يجمع مع ذلك [H 145] بعد مركز الفلك الخارج المركز من اوج الخروج عن المركز الى ما يتقدم من فلك البروج والذي جمع من الجداول الثانيه وهو بعد منتهى شمال الفلك المايل عن فلك التدوير من اوج فلك التدوير الى ما يتقدم من القوس العليا والذي جمع من الجداول الرابعه هو بعد مركز الكوكب من منتهى شمال الفلك المايل عن فلك التدوير الى ما يتلو من القوس العليا

تمت المقاله الثانيه من كتاب بطليموس
في الهيه المسمى بالاقتصاص وتم الكتاب
بتمامها والواهب للعقل الحمد والشكر دايما
لا رب غيره

5-6 الثانيه ... الجداول] L. omits 14 الثانيه] الثالثه L. 18 بطلميوس] العلودى
19-21 L. adds في اقتصاص جمل حال الكواكب المتحيرة وهي تمام الكتاب L.

www.ingramcontent.com/pod-product-compliance
Lightning Source LLC
Chambersburg PA
CBHW081333190326
41458CB00018B/5983
9781422375907